DARWINS PALAST

Zur Ausstellung **DARWINS REVOLUTION**

BERND LÖTSCH **ERNST MIKSCHI** KARL EDLINGER HEINZ GRILLITSCH ELISABETH HARING MATHIAS HARZHA
ERNST VITEK HELMUT WELLENDORF DOMINIQUE ZIMMERMANN

DARWINS PALAST

TIN LÖDL   SUSANNE RANDOLF   HELMUT SATTMANN   SILKE SCHWEIGER   VERENA STAGL   MARIA TESCHLER-NICOLA
Redaktion ANDREAS SCHWAB   Fotografie LOIS LAMMERHUBER

EDITION LAMMERHUBER

SPRINGENDER LÖWE, UNTERE KUPPELHALLE

I. DER PALAST DER TIERE

ROTHIRSCH – ÖKOTYP AUHIRSCH, SAAL 37

SCHAUSAMMLUNG SÄUGETIERE, SAAL 36

TIEFSPEICHER SÄUGETIERE

64941
URSUS ARCTOS

GEPARD, SAAL 38

BISON, SAAL 36

FLUGSAURIER, SAAL 8

SAURIERSAAL, SAAL 10

SCHAUSAMMLUNG REPTILIEN, SAAL 28

GLATTSTIRNKAIMAN, SAAL 28

SKELETT DER UNECHTEN KARETTSCHILDKRÖTE, SAAL 28
BRAUNBÄR, SAAL 38

Coll. Musei Vindobonensis
Mollusca NHMW 14.159 Ex. 1
Coll. Musei Vindobonensis
Mollusca NHMW 14.161 Ex. 1
Lectotypus
Syntypus
ermineus BORN 1778
Coll. Musei Vindobonensis
Mollusca NHMW 14.162 Ex. 1
Conus ermineus
BORN, 1778
Coll. Musei Vindobonensis
Mollusca NHMW 14.146 Ex. 1
Conus monachus
LINNE, 1758
terebra BORN 1778
monachus LINNE 1758
eburneus HWASS in BRUG. 1792
Coll. Musei Vindobonensis
Mollusca NHMW 14.139 Ex. 2/2
Pinna muricata
Conus capitaneus
LINNE, 1758
capitaneus LINNE 1758
marmoreus LINNE 1758
Pinna pectinata
(LINNE, 1767)
Coll. Born
reticulatus BORN 1778
figulinus LINNE 1758
vexillum GMELIN 1791
imperialis LINNE 1758
miles LINNE 1758
fuscatus BORN 1778
Digitalfoto vorhanden
centurio BORN 1778
literatus
millepunctatus LAMARCK
chaldaeus RÖDING 1798
aurantius HWASS in BRUG. 1792
alte Nr.: C.70(d)
Coll. Born
hussatella LINNE 1758
Coll. Born
guinaicus HWASS in BRUG. 1792
mercator LINNE 1758

KEGELSCHNECKEN, TAUSENDFÜSSLER
WISSENSCHAFTLICHE SAMMLUNGEN 3. ZOOLOGISCHE ABTEILUNG

MONDFISCH, SAAL 26

SCHAUSAMMLUNG FISCHE – SKELETT MONDFISCH, SAAL 26

Familie: Regalecidae ‹Sensenfische›
Regalecus glesne ‹Ascan.›
BANDFISCH ODER HERINGSKÖNIG
Fundort: Neuseeländische Küste

BANDFISCH, SAAL 26

GÄNSEGEIER, SAAL 29

MODELL EINES STRAHLENTIERCHENS IN BEWEGUNG, SAAL 21

SÄBELZAHNTIGER, OBERE KUPPELHALLE

II. DER PALAST DARWINS

„DIE LEUTE TREIBEN DIE REVOLUTION GEMÜTHLICH ABER GRÜNDLICH"

DIE ERRICHTUNG DES K. K. NATURHISTORISCHEN HOFMUSEUMS VOR DEM HINTERGRUND DER DARWINSCHEN EVOLUTIONSTHEORIE.

Susanne Randolf, Kuratorin der Insecta varia-Sammlung

Der Abgeordnete der Frankfurter Nationalversammlung Robert Blum (1807-1848) reiste am 13. Oktober 1848 als Leiter einer Delegation der demokratischen Fraktion nach Wien, um den dortigen Revolutionären beizustehen. In einem Brief an seine Frau schrieb Blum: *Wien ist prächtig, herrlich, die liebenswürdigste Stadt, die ich je gesehen, dabei revolutionär in Fleisch und Blut. Die Leute treiben die Revolution gemüthlich, aber gründlich (...).*

DIE STADT BRENNT – UND MIT IHR DIE NATURKUNDLICHEN SAMMLUNGEN. Oktober 1848: Seit Tagen toben die Kämpfe um Wien. Vor den Stadtmauern die kaiserlichen Truppen, in der Inneren Stadt die Aufständischen. Kaiser, Hof und Regierung retten sich nach Olmütz, der Wiener Reichstag wird nach Kremsier in Mähren verlegt. Abgeordnete des Reichstages, Sympathisanten der Aufständischen, bleiben in Wien und legitimieren den Widerstand. Doch umsonst: Am Nachmittag des 31. Oktober erfolgt unter dem Kommando des Fürsten Windischgrätz der finale Angriff. Zwei volle Stunden steht die Stadt unter schwerem Artilleriebeschuss. Der Aufstand wird niedergeschlagen, die Truppen dringen durch das Burgtor in die Stadt ein.

Wien brannte. Getroffen von kaiserlichen Geschützen standen Augustinertrakt und Augustinerkirche in Flammen. Verzweifelt wurden Löschmaßnahmen ergriffen, Decken stürzten ein. Die naturkundlichen Sammlungen, wegen Raummangels im Dach des Augustinertrakts der Hofburg untergebracht, waren nicht mehr zu retten. Bücher, Weingeist und Stopfpräparate schürten das Feuer. Erst am Allerheiligentag konnten die letzten Brandherde gelöscht werden. Was nicht den Flammen zum Opfer fiel, wurde nun durch Löschwasser und den drei Tage anhaltenden Regen schwer beschädigt.

Es folgte der Wiederaufbau. Immer stärker wurden die Forderungen nach einem eigenen Gebäude für die naturkundlichen Sammlungen erhoben. Die Raumnot in der Hofburg war unerträglich. Sammelreisen, vor allem die Weltumseglung der Fregatte Novara in den Jahren 1857–1859, brachten mehr und mehr an Kostbarkeiten, für die jedoch kein adäquater Raum vorhanden war. Und zu all dem die Angst, dass sich durch die so leicht entzündlichen Spiritussammlungen eine Katastrophe wie jene von 1848 wiederholen könnte. Dieser Zustand bedurfte

Über fünf Meter groß ist die von Johann Benk entworfene, bronzene Kolossalstatue des Sonnengottes Helios über der Laterne der Kuppel des Naturhistorischen Museums.

dringend einer Lösung. Dazu sollte es aber erst Jahrzehnte später kommen, als im Rahmen des Ringstraßenprojekts das k. k. Naturhistorische Hofmuseum errichtet wurde.

DIE DARWINSCHE REVOLUTION. Herbst 1859: Charles Darwin (1809-1882) veröffentlicht *On the Origin of Species.* Jahrelang hatte er, nicht zuletzt aus Angst vor gesellschaftlicher Ächtung, Spott und Hohn gezögert, seine Überlegungen zur Evolutionstheorie zu publizieren. Seine Theorie der Natürlichen Selektion kam einer Revolution gleich: Die Stammesgeschichte wurde als naturgesetzlicher Ablauf beschrieben, ohne Schöpfer, ohne lenkende Hand, ohne Ziel. Und selbst der Mensch war davon nicht ausgenommen.

Das Buch wurde ein großer Erfolg. Die erste Auflage war noch vor der Auslieferung in die Buchhandlungen vergriffen, und im ersten Jahr wurden mehr als 3800 Exemplare verkauft. Doch die Gegner ließen nicht lange auf sich warten. Sofort nach Erscheinen des Buches wurde die neue Theorie in England sowohl von einer breiten Öffentlichkeit als auch von Naturforschern, Gelehrten und Priestern heftig diskutiert. Dabei kreiste die Debatte hauptsächlich um die Frage, ob der Mensch wirklich vom Affen abstamme. Darwin selbst, er war stets vorsichtig und suchte den Streit in der breiten Öffentlichkeit zu meiden, hatte dieses Thema in *On the Origin of Species* nicht ausführlich erörtert, sondern nur im letzten Satz seines Werkes mit einem Hinweis bedacht: *Light will be thrown on the origin of man and his history.*

Im Juni 1860 erschien die deutsche Übersetzung *Über die Entstehung der Arten.* Einer der eifrigsten Verfechter Darwins in Deutschland war Ernst Haeckel (1834-1919), Professor für Zoologie in Jena. Er identifizierte den Darwinismus mit Entwicklung und Fortschritt und stellte ihn der Lehre von *Schöpfung und Species* gegenüber, die er als überkommen erachtete.

Und in Österreich? Nun ja, man könnte sagen: *die Leute treiben die Revolution gemüthlich aber gründlich.* Auch hier wurden die Ideen Darwins aufgenommen und beeinflussten naturwissenschaftliche, philosophische und literarische Werke. Bereits wenige Monate nach Erscheinen der deutschsprachigen Ausgabe kam es im Rahmen einer Sitzung der k. k. Zoologisch-Botanischen Gesellschaft in Wien zu einer Debatte zwischen Befürwortern und Gegnern. Es folgten Publikationen verschiedener Gelehrter, die sich mit der Anwendbarkeit der Lehren Darwins auf ihre eigenen Fachbereiche beschäftigten, aber emphatische Proklamatoren fehlten in Österreich. Man versuchte zwar zweimal, Ernst Haeckel als Professor an der Wiener Uni zu gewinnen, doch dieser lehnte aufgrund der *politischen Zustände in Österreich* ab.

MUSEUMSPLANUNG UND –BAU MIT GEMACH. Dezember 1857: In einem Handschreiben an den Minister des Inneren veranlasst Kaiser Franz Josef I. die Schleifung der Stadtmauern und die *Verschönerung Meiner Residenz- und Reichshauptstadt.* Nach Jahren der Konflikte zwischen den mit der Stadterweiterung beauftragten Behörden, den beteiligten Künstlern und Vertretern der Gemeinde erfolgte damit der Startschuss zum größten Bauprojekt der Monarchie, der Schaffung eines gewaltigen Prachtboulevards, der Ringstraße. Wien war seit dem späten Mittelalter eingepfercht in seinen Stadtmauern, umgeben von einem 500 Meter breiten Streifen, dem Glacis, der nicht verbaut werden durfte, um freie Sicht auf den herannahenden Feind zu haben. Dahinter lagen die Vorstädte, zum Teil unabhängig verwaltet und vernachlässigt, ohne Infrastruktur. Infolge der Revolution von 1848 wurden die Grundherrschaften aufgelöst, Verwaltung und Gerichtsbarkeit der Vorstädte lagen nun in staatlichen Händen, und die Vorstädte konnten als neue Bezirke eingemeindet werden. 1850 wuchs Wien über Basteien und Stadtmauern hinaus bis zum Linienwall, dem heutigen Gürtel. Die veralteten Befestigungsanlagen wurden zum Hindernis, und die Angst von 1848 war noch frisch, wurden doch Stadtmauern und Basteien von den Revolutionären genutzt, um sich dahinter zu verschanzen und gegen das kaiserliche Militär zu feuern. Neben Verwaltungsgebäuden, Hofburgtheater und Hofoper sollten auf dem Gebiet des ehemaligen Glacis auch neue Gebäude für die kaiserlichen kunst- und naturhistorischen Sammlungen errichtet werden.

Vom Beschluss des Kaisers bis zum Erdaushub für das neue k. k. Naturhistorische Hofmuseum vergingen vierzehn Jahre mit Ausschreibungen, Planentwürfen und eingehenden Diskussionen. *Gemüthlich aber gründlich.* Schließlich konnte man sich auf zwei getrennte Hofmuseen gegenüber dem Burgtor einigen. Allerdings gingen aus dem dazu ausgeschriebenen Architektenwettbewerb zwei Sieger hervor. Um endgültig zu einer Entscheidung zu gelangen wurde daher ein Gutachter von außen berufen: Gottfried Semper (1803-1879). Er beurteilte beide Pläne negativ. Man beschloss, Semper selbst solle die Museen unter Beiziehung eines Wiener Architekten entwerfen. So entstand in Zusammenarbeit mit dem Architekten Carl Hasenauer das Projekt des Kaiserforums, in dem Hofburg und Museen eine Einheit bilden sollten.

Gottfried Semper war Professor für Architektur an der Kunstakademie Dresden. Er schuf bedeutende Bauwerke, wie die Dresdner Synagoge, das Erste Hoftheater, Villen für das reiche Bürgertum – und im Mai 1849 eine Hauptbarrikade in der Wilischen Gasse in Dresden. Semper war führendes Mitglied einer revolutionären Bürgergarde, setzte sich aktiv für die liberale Reichsverfassung der Frankfurter Nationalversammlung ein und befehligte während des Dresdner Maiaufstandes 1849 die Barrikade Nr. 13. Nach der Niederschlagung des Aufstandes musste er fliehen, wurde steckbrieflich gesucht und aus dem Staatsdienst entlassen. Sein Weg führte ihn über Paris nach London und schließlich nach Zürich, wo er die Professur für Baukunst erhielt. Semper war ein bedeutender Architekturtheoretiker und gilt bis heute als der wichtigste Vertreter des Historismus, einer an der Geschichte orientierten Baukunst.

Zwischen Sempers Theorien zur Entwicklung verschiedener Baustile und Darwins Evolutionstheorie gibt es interessante Parallelen. Semper spricht von Urformen, von denen ausgehend neue Architekturstile entstehen. Er sucht nach historischen Erklärungsmustern, verschiedene Baustile werden nicht losgelöst voneinander betrachtet, sie sind für ihn Produkt eines historischen Prozesses. Auch in der Biologie geht es zu dieser Zeit darum, die Gesetzmäßigkeiten zu erforschen, die dem Wandel in der Naturgeschichte zugrunde liegen. Einstmals isolierte Tatsachen aus den diversen Fachbereichen wie der vergleichenden Anatomie, der Taxonomie – der hierarchischen

„Kreislauf des Lebens". Das 140 Quadratmeter große Deckengemälde über dem Stiegenhaus ist kein Fresko, sondern auf Leinwand gemalt. Es stammt von Hans Canon.

Klassifikation der Lebewesen – und der Paläontologie werden durch die Evolutionstheorie zu einem großen Ganzen verbunden.

NEUORDNUNG UND ÜBERSIEDLUNG – EIN GEWALTIGES VORHABEN. Mai 1876: Das Gebäude des neuen k. k. Naturhistorischen Hofmuseums ist fertig gestellt. Jetzt geht es um die Gestaltung der Schauräume. Seit Jahren schon war die innere Ausstattung Gegenstand umfangreicher Vorarbeiten gewesen. Die Ausstellungsobjekte mussten vermessen werden, um den Raumbedarf abzuschätzen. Pult- und Wandkästen verschiedener Ausführungen wurden geplant. Man machte sich Gedanken über den Bilderschmuck für die Säle des Hochparterres, überlegte, ob Kunstmarmor oder echter Marmor Verwendung finden sollte. Die Gemüter erhitzten sich auch um die Aufteilung der Schauräume: Letztendlich wählte man eine systematische Aufstellung, um einen gezielten Besucherstrom zu erreichen und das bildungshungrige Bürgertum nicht zu verwirren. Es folgte die Zeit der Vorbereitungen, um die gesamten Sammlungen von der Hofburg ins neue Gebäude zu übersiedeln.

Dieses riesige Unterfangen zu dirigieren, lag in den Händen des Geologen Ferdinand von Hochstetter (1829-1884), der 1876 erster Intendant des neuen k. k. Naturhistorischen Hofmuseums wurde. Neben der Botanik, der Zoologie und der Mineralogie richtete er zwei weitere Abteilungen ein: eine Geologisch-Paläontologische und eine Anthropologisch-Ethnographische. Der anthropologischen Forschung wurde damals große Bedeutung beigemessen, denn um die Mitte des 19. Jahrhunderts rückte, auch vor dem Hintergrund der Lehren Darwins, die Frage nach dem Ursprung des Menschen in den Mittelpunkt des Interesses. Ferdinand von Hochstetter war hier ganz Mann seiner Zeit: Er setzte sich bereits 1861 für die Darwinschen Theorien ein, und in seiner Vorlesung zur Geologie vertrat er die Auffassung, es müsse gemeinsame Vorfahren von Mensch und Menschenaffen gegeben haben.

FORSCHUNG – DIE ENTSCHLEIERUNG DER NATUR. 10. August 1889: Endlich, das k. k. Naturhistorische Hofmuseum wird in Anwesenheit Kaiser Franz Josephs I. feierlich eröffnet. Damit wurden die über Jahrhunderte mühevoll zusammengetragenen Naturschätze nicht nur in einem zeitgemäßen Rahmen zugänglich gemacht, es entstand auch eine Forschungseinrichtung, in der die Sammlungen auf neuestem wissenschaftlichen Stand bearbeitet werden konnten.

Das Publikum des neuen Museums waren die im Zuge der Industrialisierung immer mächtiger werdenden Bürger. Bildung war dem liberalen Bürgertum ein zentrales Anliegen. Der Ausbau des Hochschulsystems und ein freierer Zugang zu Bildung sollten die Möglichkeit eröffnen, aktiv am Wissenschaftsbetrieb teilzunehmen. Das k. k. Naturhistorische Hofmuseum als Zentrum der Wissensvermittlung kam diesen Forderungen entgegen. Großzügig gestaltete Säle, erklärende Texte, Sammlungen und Bibliotheken hinter den Kulissen standen Interessierten offen. Das Wissen um die Naturgeschichte wurde allgemein zugänglich gemacht.

Das liberale Bürgertum stand dem Darwinismus positiv gegenüber. Die Vorstellung, dass eine Dynamik in der Geschichte vorherrscht, die – übertragen auf die politische Situation – auch dazu führen würde, dass sich allmählich ein bürgerlicher Rechtsstaat etabliert, erschien dem Bürgertum verlockend.

Im Naturhistorischen Museum gibt es einige Verweise auf Darwin. Sein Porträt prangt, heute schon stark verwittert, an der Außenfassade zum Ring. Im Sprengring der Kuppel befindet sich ein Fries, auf dem ein Affe einem Putto, der die Ähnlichkeit mit dem Tier nicht wahrhaben will, einen Spiegel vorhält. Dahinter ein hämisch grinsender Affe mit aufgeschlagenem Buch, auf dem zu lesen ist: *Darwin. Abstammung des Menschen* – der Titel eines weiteren Werkes von Darwin aus dem Jahr 1871. Trotzdem: Das Naturhistorische Museum ist kein *darwinistisches* Museum. Verkörpert ist hier das Wissenschaftsideal des 19. Jahrhunderts, der Glaube an die umfassende aufklärerische Kraft der Naturwissenschaft. Dieses Wissenschaftsideal ist in Form einer Plastik am Eingang ins Naturhistorische Museums dargestellt: Der Natur in allegorischer Frauengestalt wird von einer zweiten Frauenfigur, sie verkörpert die Wissenschaft, gewaltsam der Schleier entrissen: *Die Forschung entschleiert die Natur.*

Dass Semper als Revolutionär und Hochstetter als Liberaler und Darwinist kaiserliche Aufträge erhielten – das mag heute verwundern, doch zu dieser Zeit nahm niemand mehr Anstoß daran. Als das Museum geplant wurde, lag die Revolution Jahre zurück, ihre Forderungen waren weitgehend erfüllt. Und auch der Darwinismus gewann an Boden. Beide, Liberalismus und Darwinismus, setzten sich aber nur langsam durch, *gemüthlich aber gründlich* wurden sie zum *common sense.*

Und das Kaiserhaus? Die auf Hochstetter zurückgehende Widmungsinschrift über dem Haupteingang des Naturhistorischen Museums lautet: *Dem Reiche der Natur und seiner Erforschung* – und darunter: *Kaiser Franz Joseph I.* Als Einrichtung für das Bürgertum war das Museum gleichzeitig ein Instrument der habsburgischen Selbstdarstellung. An der Außenfassade und im Inneren, bis in die Kuppel, prangen die Insignien des Kaiserhauses: österreichische Kaiserkronen, habsburg-lothringische Wappen, die Initialen des Kaiserpaares FJ und E. Deutlich sichtbar ist der Wille, die Darstellung der Naturgeschichte unter die Patronanz des Herrscherhauses zu stellen. Millionen von Jahren Evolution des Lebens wie Jahrhunderte unter habsburgischer Herrschaft: Selbstverständlichkeit der Evolution und Selbstverständlichkeit der Habsburger als Monarchen.

Die Monarchie hat nicht überdauert, das Naturhistorische Museum ist jedoch immer noch ein Bauwerk des 19. Jahrhunderts. Vieles wurde in den Jahren seines Bestehens renoviert, umgestaltet, ergänzt. *Gemüthlich aber gründlich* wurde das Museum behutsam modernisiert, ins 21. Jahrhundert geführt, ohne die historischen Strukturen zu zerstören. Das ist das Einzigartige an diesem Museum. Es erzählt nicht nur von der Vielgestaltigkeit der Natur, von den verschlungenen Wegen der Naturgeschichte, das Naturhistorische Museum in Wien ist auch ein Museum der Wissenschaftsauffassung des 19. Jahrhunderts, dem Zeitalter, als die Naturwissenschaft jenen Stellenwert erringen konnte, den sie heute innehat.

Blick über den Volksgarten auf das Areal des von Gottfried Semper geplanten, aber nicht zur Gänze realisierten „Kaiserforums". Von links: Nationalbibliothek mit der Hofburg, Kunsthistorisches und Naturhistorisches Museum, Parlament.

Das Naturhistorische Museum wurde als Gesamtkunstwerk konzipiert. Sein Zweck sollte schon von außen erkennbar sein. Die Widmung an der Fassade lautet „Dem Reiche der Natur und seiner Erforschung – Kaiser Franz Joseph I. MDCCCLXXXI".

Getrennt durch den Maria Theresien-Platz stehen einander Naturhistorisches und Kunsthistorisches Museum wie Zwillinge als Ausdruck der Gleichrangigkeit von Natur und Kunst gegenüber.

34 Statuen bedeutender Wissenschaftler aller Epochen schmücken die Dachbalustrade des Naturhistorischen Museums, jede drei Meter hoch. Am rechten Eckrisalit stehen der Mineraloge Hauy und der Botaniker Jussieu.

Victorien von Hugo Haerdtl schmücken die Fassade der achteckigen Kuppelbasis im Bereich der Zwickelfelder zwischen den großen Fenstern der Kuppel.

Vier Tabernakel an der Kuppelbasis enthalten sitzende Kolossalstatuen, im Bild Hephäistos und Gäa, gestaltet von Johann Silbernagel.

Die Säulen beiderseits der großen Fenster des ersten Stockwerkes sind aus weißem Kalkstein aus der Umgebung von Triest gefertigt, Victorien von Karl Kundmann flankieren die Fassade gegen den Maria Theresien-Platz.

Die Kuppel des Naturhistorischen Museums ist 33 Meter hoch, Scheitelpunkt des von Semper und Hasenauer geschaffenen Gesamtkunstwerks.

Das Naturhistorische Museum von der Oper aus gesehen:
Kathedrale der Wissenschaft vor den Wiener Hausbergen,
im Hintergrund die Jubiläumswarte am Gallitzinberg.

III. DAS „MAKING OF“ DER AUSSTEI

NG „DARWINS REVOLUTION“

WARUM ICH KEIN VORWORT SCHREIBE

Bernd Lötsch, Generaldirektor Naturhistorisches Museum Wien

Natürlich freut es mich, lieber Herr Lammerhuber, dass Sie unserem großen Museum anlässlich seiner bisher bedeutendsten Sonderausstellung „Darwins Palast - rEvolution" auch auf dem Büchermarkt eine Stimme verleihen – und dies trotz der Flut von Printmedien zu diesem Thema – eine beträchtliche Herausforderung für alle Beteiligten. Ich wollte mich ohnehin schon nach dem Stand der Dinge erkundigen – da flattert Ihr ehrender Wunsch herein, ich möge ein Vorwort von zwei bis drei Druckseiten verfassen.

Nun, bin ich kein Bundespräsident oder Kulturstadtrat, sondern ein gestandener Biologe, der mit diesem Thema seit Jahren und Jahrzehnten lebt, wie etliche der Mitautoren.

Wesentliche Impulse für meine Beschäftigung mit Darwin waren meine Galapagoserlebnisse an der Seite von Eibl-Eibesfeldt, meine Filmbiografie über den väterlichen Freund Konrad Lorenz als „Darwin der Seele", zwei Besuche in Darwins Haus in Down 1983 und 2009. Auch die mir angetragene öffentliche Diskussion mit Kardinal Schönborn ab 2006 im Blatt „Die Furche" und im „Ö1 Mittagsjournal" und nicht zuletzt meine Zweifel am rigiden Neo-Darwinismus – jüngster Anlass die bleichen Höhlenfische unserer Kollegen bei ihren Oman-Studien.

Die Art, wie man wegen offensichtlicher Irrtümer Lamarcks heute die „Vererbung erworbener Eigenschaften" ablehnt, ist aus zwei Gründen zu überdenken:

1. Darwin, der den gültigen Evolutionsmechanismus fand – und damit den Lamarckismus überwand – hat trotz seiner fundamentalen Entdeckung, die Vererbung erworbener Eigenschaften bis zu seinem Lebensende für wahrscheinlich gehalten – und dies nach seinem langen Forscherweg als scharfsichtiger Naturbeobachter. Lorenz, selbst rigider Neo-Darwinist, meinte deshalb, dass Darwin eines der wenigen Entdeckergenies der Wissenschaftsgeschichte gewesen sei, der das von ihm gefundene Erklärungsprinzip nicht, wie so häufig, „über"-schätzt, sondern „unter"-schätzt habe.

2. Ein großer, wenn nicht der größere Teil der existierenden Biomasse, pflanzt sich vegetativ fort – durch Teilung und Sprossung – und hier ist die Vererbung erworbener Eigenschaften schon gar nicht auszuschließen: Einzeller und Vegetationskörper, die bereits zahlreiche biologische Reaktionen gesetzt haben, sind meist mit mehr oder weniger merkbaren Umweltantworten übersät

und können diese durch Teilung in diesem Zustand weiter geben. Und ob die Keimbahnen der sich sexuell vermehrenden Organismen wirklich „so völlig“ von Umweltreaktionen ihrer Eltern abgeschirmt sind, ist aufgrund neuer molekularbiologischer Erkenntnisse, wie der Epigenese, mehr als fraglich. So könnte auch Darwins „Gespür“ in diese Richtung gerade durch die neue Forschung rehabilitiert, statt widerlegt werden.

Ich möchte daher kein „Vorwort“ von zwei bis drei Seiten schreiben. Vorworte liest keiner und sie stellen sich im Allgemeinen keinem klaren inhaltlichen Auftrag wie ein Fachartikel. Eines meiner Anliegen sind natürlich die vielen ideologischen Fehlinterpretationen. Zu den religiösen Kontroversen sei noch erwähnt, dass – selbst wenn man den biblischen Schöpfungsmythos als das nimmt, was er ist, nämlich ein Erklärungsmodell für antike Hirten und Bauern – dennoch diese Schöpfungslegende der naturgeschichtlichen Abfolge näher kommt als jeder andere Schöpfungsmythos der Völker und Kulturen. Keine Sorge – ich beanspruche jetzt nicht den Raum für die Behandlung all der angerissenen Themen. Außerdem verstehe ich, dass Sie von mir auch „eine Klammer“ über die von den Kollegen behandelten Inhalten erwarten. Zwei bis drei Seiten sind aber unrealistisch wenig.

Ein Gespräch ist dringend nötig.

Herzlich, Ihr
Bernd Lötsch

Dr. Bernd Lötsch

Charles Robert Darwin wurde am 12. Februar 1809 in Shrewsbury geboren und starb am 19. April 1882 in Downe.

DARWIN IST ÜBER DEN BERG!
Getragen von der Galapagosschildkröte, Evolutions-Ikone schlechthin, erreicht er soeben jenen Punkt, von dem aus sich eine neue Weltsicht auftut: Bild für das „rEvolutionäre" im Titel der Ausstellung und sinnfälliges Symbol für die neuen Perspektiven, die seine Theorie nicht nur den Naturwissenschaften eröffnete. Der Ritt auf der Schildkröte, den wir hier als Metapher einsetzen und den wir in der Kuppelhalle des Museums als Auftakt zur Ausstellung inszenieren, ist keine Erfindung. Der jugendlich übermütige Charles genehmigte sich auf Galapagos mehrmals diesen Spaß. Wir wollten auch nicht das allgegenwärtige Bild des griesgrämig wirkenden Alten mit Bart perpetuieren. Der Darwin der ersten manifesten Evolutionsgedanken war keine dreißig und auch nachdem er mit fünfzig die „Entstehung der Arten" publiziert hatte, blieb er noch lange glattrasiert.

„ÜBERLEG DIR EIN BISSEL WAS!"

VOM AUFREGENDEN UNTERFANGEN, WISSENSCHAFT AUSZUSTELLEN.

Helmut Wellendorf, Sammlungsmanager der Fischsammlung

Der Generaldirektor möchte eine Darwinausstellung – überleg Dir ein bissel was!" Diese beiläufigen Worte meines Chefs waren der Auslöser für mein zweijähriges Eintauchen in Darwin und die Evolution. Und sie waren der Anfang der aufwändigsten fächerübergreifenden Schau, die das Naturhistorische Museum je unternommen hat. Denn aus dem bissel ist sehr schnell die große Ausstellung geworden: DARWINs rEVOLUTION.

SIND THEORIEN AUSSTELLBAR? 200. Geburtstag und 150 Jahre „Entstehung der Arten": Wir müssen also Darwin als Menschen näherbringen *und* die Evolutionstheorie in Bilder einer Ausstellung übersetzen. Und zwar samt der weit über Darwin hinausweisenden Entwicklung bis heute. Da dürfen brennende und hochaktuelle Themen nicht ausgeklammert werden.

Der Ausstellungsmacher darf nicht ausstellen, was der Fachmann *weiß,* sondern nur, was der Fachmann *hat.* Ohne Objekte geht gar nichts (diese Einsicht muss man manchem Wissenschaftler erst abringen). Die Objektauswahl für die Biografie – ein Albtraum? Wir haben den „Spazierstock Darwins" nicht! Dennoch haben wir sprechende Objekte aufgestöbert, attraktive Leihgaben aus in- und ausländischen Museen erkämpft, und unsere Installationen versetzen den Besucher hautnah in Charles Darwins außergewöhnliches Leben. Belege für die Theorie – ein Traum: Alles in der Biologie ist ja Evolution, wir rufen aus den Millionenbeständen unserer Sammlungen die besten Objekte als Zeugen auf, darunter manche noch nie gezeigte Kostbarkeit.

Doch wie stellt man eine Theorie, wie stellt man „Evolution" aus? Ein Leichtes wäre es ja gewesen, ihre interessantesten Stationen der Reihe nach abzuklappern. Aber hat man uns das nicht schon allzu oft eingetrichtert? Zuerst Einzeller, Sauerstoffatmosphäre, dann tut sich lange wenig, endlich Explosion der Lebensformen, Fische gehen an Land, irgendwann kommen Saurier, dann ein todbringender Meteorit, und schwupps, springen die Säugetiere in die Bresche. Alles läuft schließlich glücklich auf den Menschen hinaus. Spannend, sicherlich, aber wir wollten noch viel Spannenderes erzählen!

Wie ist es denn nämlich dazu gekommen? Warum explodierte das Leben? Welche Mechanismen, welche Gesetzmäßigkeiten wirkten und wirken rund um uns (wie Darwin es ausgedrückt hat)? Mit welchen Widersprüchen, Rätseln und Missverständnissen kämpfte Darwin damals und kämpfen Wissenschaftler heute? Und wieso läuft es eben *nicht* auf den Menschen hinaus?

MISSVERSTÄNDNISSE, WOHIN MAN BLICKT. Du lieber Gott: Der Mensch als Gipfel aller Evolution! Diese Unterstellung einer Zielgerichtetheit (natürlich sind ausgerechnet wir das Ziel) ist ja nur eine der frappierend vielen falschen Vorstellungen, über die man im Umgang mit der Evolution auf Schritt und Tritt stolpert. Solche auszumerzen musste ein weiterer Schwerpunkt der Ausstellung werden, zeigt doch das Darwinjahr schmerzlich, dass Medien und selbst Biologen nicht gefeit sind vor schlampiger Begriffsverwendung, inhaltlichen Schnitzern und Missverständnissen. Ein ganzer Rattenschwanz irreführender Begriffe (die meist gar nicht auf Darwin zurückgehen!) belastet bis heute die Rezeption der Evolutionstheorie.

Beispiele? Da ist einmal die falsche Meinung, Darwin hätte die Evolution entdeckt. Diese Idee war längst nicht neu, aber Darwin hatte erstmals eine Erklärung! Dann ist ja schon der Begriff „Evolution" (den Darwin vergebens vermieden hat) eine Fehlbezeichnung: Das lateinische „evolvere" suggeriert das Entfalten von Vorbestimmtem, also von etwas, das von Anfang an angelegt ist. Genau das hat Darwin widerlegt: Nichts ist für die Zukunft angelegt – alles entspringt dem Augenblick.

Hartnäckig hält sich auch die Worthülse vom „survival of the fittest" – natürlich ist die auch nicht von Darwin, leider hat er die Formulierung später von Herbert Spencer übernommen. Denn sie trifft weit neben das Ziel: Weder geht es vorrangig ums Überleben noch darum, der Fitteste, Stärkste, Bestangepasste zu sein. Die Weitergabe auch nur *ausreichend* „guter" Gene an die jeweils nächste Generation genügt bereits, um in der Evolution mitzumischen. „Reproduction of the sufficiently fit" müsste es also heißen (wenn auch immer noch verkürzend und als Schlagwort schon gar nicht mehr geeignet).

Die Liste ließe sich weiterführen, zum Beispiel mit der Parole vom „Kampf ums Dasein": Mehr als anderswo sind gerade im deutschen Sprachraum blutige Zweikämpfe fürchterlicher Dinosaurier zum Zerrbild von Evolution geworden. Denn „Kampf" ist eine tendenziös einengende Übersetzung von „struggle", was eben nicht „fight" und auch weit facettenreicher ist. Es kann zum Beispiel auch „sich abstrampeln" bedeuten. Darwin hat das mildere „struggle" außerdem vorwiegend metaphorisch verstanden.

Und dann die Schwärmerei von den „perfekt angepassten Organismen". Die geistert durch jede zweite Natur-Doku. Perfektion ist aber aus zwei Gründen gar nicht machbar: Evolution kümmert sich nur um Optimierung der Fortpflanzung und nicht um perfekte Individuen – sonst gäbe es keinen Alzheimer. Und wegen des wiederholt nötigen Umbaus bei laufendem Motor kann es erst recht keine Vollkommenheit geben – sonst hätten wir keine Bandscheibenvorfälle.

EIN ERKLÄRTES ERLEBNIS? Ausstellungen gehorchen in erster Linie ästhetischen Gesetzen und sind mehr oder weniger dramatische Erzählungen. Es muss immer wieder was passieren, um den Besucher auf seiner Suche nach Reizen an der Stange zu halten. Außergewöhnliche Objekte, ungewöhnliches Licht, sprechende Installationen sind nur einige der Kunstgriffe, die der

„Bühnenbildner" für seine theatralische Inszenierung einsetzt. Dabei darf er nicht willkürlich die optische Sensation suchen, er muss den Gehalt der gewünschten Aussage treffen. Was ein brennender Scheiterhaufen und gotische Architektur in einer Biologieausstellung aussagen, wollen wir anhand der Entwürfe knapp erläutern. Und wieso es kein bloßer Gag ist, wenn Darwin auf einer Riesenschildkröte reitet oder sich ein Raum mit Schädelfossilien beunruhigend in unscharfe Verspiegelungen verliert.

Texte brauchen wir auch. Leider. Denn – Hand aufs Herz – wie viel vom Textangebot einer Ausstellung lesen Sie wirklich? Wenn Sie nicht gerade zu dem Häufchen Vorbildlicher gehören, die prinzipiell alles lesen – warum haben Sie, trotz Interesse, eben nicht alles gelesen? Weil es so mühsam war! Die Sätze waren zu kompliziert, der Text unübersichtlich und zu lang, er beantwortete Ihre Fragen nicht. Nach der zehnten zu kleinen Texttafel, dem dritten nicht aufgelösten Fachbegriff und dem zweiten Positionskampf mit einem Nachbarn haben Sie w. o. gegeben!

Wie stellt man es an, dass sich ein heterogenes Publikum (die Leute wissen null bis viel vom Thema) im Stehen und müde für einen Text über die Methylierung der Chromatinverpackung der Desoxyribonukleinsäure begeistert? Bei Weitem nicht nur, indem man solche Begriffe meidet. In diesem Buch finden Sie zur schwierigen Kunst der Textgestaltung ein analysiertes Beispiel. Leitgedanke: Wie fange ich verschiedene Lesertypen gleichzeitig ein und bleibe dabei meinen Inhalten treu?

ONE LONG ARGUMENT. Als vom Qualitätsgedanken beseelter Gestalter, der auch für Themenwahl, Objektwahl und Texte mitverantwortlich ist, holt man sich manchmal auch Beulen beim Anrennen an die Grenzen des Durchsetzbaren. So etwa wurden manche Texte „entschärft" und verloren an Griffigkeit. Der Paukenschlag der Eröffnungsinstallation musste schwächer ausfallen, als er aus dramaturgischen Überlegungen sinnvoll gewesen wäre. Ohne dafür zu kämpfen, wäre das eine oder andere wichtige Thema untergegangen, und es schmerzt immer, wenn Originale durch Kopien ersetzt werden sollen. Sind doch die Originale als Sachzeugen und Symbolträger die mächtigste Legitimation eines Museums. Dennoch: 90 Prozent der Objekte in der Ausstellung sind Originale! Darunter Außergewöhnliches wie die Totenmaske des Klonschafs Dolly oder die ebenfalls noch nie gezeigte „Mona Lisa" der biologischen Sammlungen, der ausgestorbene Blaubock.

„Wie dumm von mir, nicht daran gedacht zu haben!" Dieser Satz T. H. Huxleys, des glühendsten Streiters im Kampf um Akzeptanz der Evolutionstheorie, könnte als Motto über unserer Ausstellung stehen: In ihren Grundzügen ist Evolution leicht zu verstehen, und es ist aufregend, sie vertiefend weiter zu erforschen. Dieses Grundverständnis wollten wir vermitteln, das Erforschen anregen und erlebnisreiche ein, zwei (oder mehr) Stunden verschaffen.

Ist uns das gelungen? Und wenn ja: wie? Und warum haben wir dieses oder jenes so und nicht anders gemacht?

Die nachfolgenden Entwürfe erlauben Ihnen einen unüblichen Einblick in die Überlegungen des Ausstellungsmachers und einen gerafften und kommentierten Gang durch unsere Schau, die – wie Darwins Buch – eines sein will: „One long argument."

DAS KREUZ MIT DER KIRCHE. Bevor der Ausstellungsbesucher zu Darwin und der Evolution gelangen kann, stellt sich ihm massiv diese unerwartete Sakralarchitektur als Barriere entgegen – wie die Kirche seinerzeit dem Evolutionsgedanken. Jahrhunderte lang sträubte sie sich gegen Erkenntnisse, die den Buchstaben der biblischen Schöpfungsgeschichte in Frage stellten. Die Bildstationen sind, dem Wegverlauf der Ausstellung folgend, von rechts nach links zu lesen.

- Es steht geschrieben: Gott hat alles geschaffen, ein- und für allemal.
- Abweichler von diesem Glauben lebten riskant: Der Mönch Vanini („Der Mensch stammt vom Affen ab") verbrennt 1617 auf dem Scheiterhaufen.
- Immer mehr neu entdeckte Arten lassen an der Arche-Noah-Erzählung zweifeln (ein Paar von jeder Art). Und Fossilienfunde werfen lästige Fragen auf: Ist die Erde viel, viel älter als bloß 6000 Jahre? Sind etliche von Gottes perfekten Schöpfungen womöglich ausgestorben?
- Die Kirche wehrt sich im 18. Jahrhundert mit der „Sintflutgeologie": Man erklärt alle Fossilien kurzerhand zu Sintflutopfern.
- Voltaire kontert nicht weniger kurios: Fossilien sind Reste von Pilgersmahlzeiten. Weder diese noch die vorige Erklärung überleben das Jahrhundert.
- 1802 – der „göttliche Uhrmacher" William Paleys dient eingefleischten Evolutionsgegnern (bis heute!) als Argument: So wie das komplizierte Räderwerk einer Uhr einen Uhrmacher zwingend voraussetzt, so kann die wunderbar vollkommene Welt nur mit einem „intelligenten Designer" erklärt werden. Darwin wird das widerlegen, und der Konflikt mit der Kirche wird kommen wie das Amen im Gebet.

“my

Es ist ganz absurd, wie sehr mich die Naturwissenschaft zu interessieren beginnt.

Ich habe nie etwas Intelligenteres gesehen als die Neger, besonders die Mulattenkinder.

Nichts hätte schlechter für die Entwicklung meines Geistes sein können als Dr. Butlers Schule.

Während meines Lebens in Cambridge wurde meine Zeit vergeudet und schlimmer als vergeudet … Manchmal tranken wir zu viel … Ich kann nicht anders, als auf diese Zeiten mit viel Vergnügen zurückzuschauen.

Ich hätte mich für
gehalten, hätte ich
frühmorgendliche
für Geologie oder i
andere Wissenscha

Ich war in vielerlei Hinsicht ein schlimmer Bub. Manchmal stahl ich Äpfel.

Mein Vater … war der liebenswürdigste Mensch, den ich je kannte … Er war der größte Mensch, den ich jemals gesehen habe.

Ich mochte den Gedanken, Landpfarrer zu sein.

Ich glaube nicht, dass die religiöse Empfindung in mir jemals stark entwickelt war.

Das Leben des Fliegenfängers

Erst jugendlicher Käfersammler, Studienabbrecher, beinahe Dorfpfarrer, dann Weltumsegler. Schließlich oft kränkelnder Ehemann und immer: Wissenschaftler. Zuletzt eine Legende.

- Weil er kein Blut sehen kann, hängt er sein Medizinstudium an den Nagel. Mit überschaubarer Begeisterung studiert er Theologie. Und die Biologie? Selbststudium!
- Glücksfall 1831: Als Begleiter des Kapitäns auf Weltumsegelung – das Ereignis seines Lebens. „Fliegenfänger“ nannte ihn die Mannschaft. Danach lebenslanges Forschen und Nachdenken: die Evolution lässt ihn nie mehr los!
- Glücksfall 1839: Charles heiratet Emma Wedgwood, die Keramikfabrikantentochter. Sie bringt noch mehr Geld, Beständigkeit, Liebe und 10 Kinder in Darwins Leben. Und familiäre Probleme, denn sie ist sehr religiös.
- Glücksfall 1859: „Von der Entstehung der Arten“ erscheint. Wissenschaft und Kirche reagieren gespalten. In der Wissenschaft wird sich die Theorie Darwins bald durchsetzen. Die anglikanische Kirche entschuldigt sich 2008 posthum bei Darwin. Nach fast 150 Jahren.
- Geologie, Rankenfußkrebse, Kletterpflanzen, Tier- und Pflanzenzucht, Abstammung des Menschen, Verhaltensforschung, fleischfressende Pflanzen und Regenwürmer – Darwins Pionierleistungen für die Forschung gehen weit über die Evolutionstheorie hinaus.

808
ühling in Mittelengland!
usannah und ihr Mann Robert,
ohlhabender Arzt, vermischen
folgreich ihre Gene: Sie zeugen
nen Sohn, der Charles Robert
eißen wird.

1809
Darwin's Day, 12. Februar: Charles sichert durch seine Geburt den Beitrag seiner Vorfahren zur Evolution der Art *Homo sapiens*.

1817
Im Juli stirbt Charles Mutter. “Bobby” besucht bis 1825 die Schule in Shrewsbury, er ist ein mittelmäßiger Schüler

1825
Charles beginnt ein 1827 schon wieder abgebrochenes Medizinstudium in Edinburgh, hört aber auch literarische Vorlesungen.

1827
Der besorgte Vater drängt Charles zum Theologiestudium in Cambridge. Als Landpfarrer würde er jede Menge Zeit für Naturstudien haben. Unter den Lehrern: Naturwissenschaftler!

1830
Charles vor einer Entscheidung: weiterhin Romanze mit einer gewissen Fanny oder lieber Käfer sammlen. Fanny zieht den Kürzeren.

1831
Charles schließt im Jänner sein Theologiestudium erfolgreich ab. Jetzt weiß er was er will – Naturforscher sein. Statt Pastor zu werden macht er sich im Dezember auf seine folgenreiche Reise um die Welt. Fünf Jahre Seekrankheit beginnen.

1832
Bald bekommt Darwins Glau
an einen gütigen Gott anges
von Sklaverei und Leiden in
den ersten Knacks. Wilde W
mit dem Kapitän wegen der S
die Darwin verabscheut.

Charles

happy

Die Reise mit der 'Beagle' ist bei weitem das wichtigste Ereignis in meinem Leben

Ich staune über mein Glück, dass sie, mir in jeder einzelnen moralischen Eigenschaft so überlegen, einwilligte, meine Frau zu sein.

Nichts könnte weniger einladend sein, als der erste Anschein. [Galapagos]

„Besser als ein Hund jedenfalls“
Eine kuriose Liste für und wider die Ehe stellt Darwin 1838, im Jahr vor seiner Heirat mit Emma Wedgwood auf. Die Angst vor „weniger Geld für Bücher“ oder vor dem Zwang zu „leichtfertigem Gesellschaftsleben“ zieht schließlich den Kürzeren gegenüber den Vorteilen: „ein Objekt zum Lieben und Spielen - besser als ein Hund jedenfalls“, „ein Heim und jemand, der dafür sorgt“, ständiger Gefährte und Freund im Alter“. Die Ehe mit Emma wird glücklich.

Es is

verrückt die ebhuhnjagd gend eine t aufgegeben.

Der Anblick eines nackten Wilden in seiner Heimat ist ein Ereignis, das man nie vergessen kann.

Nichts ist der Geologie verg

Ich, der ich niemals eine Linie zeichnen konnte.

Ich hätte nie gedacht, ich würde jemals ein so wohlhabender Mann sein, als ich es bin.

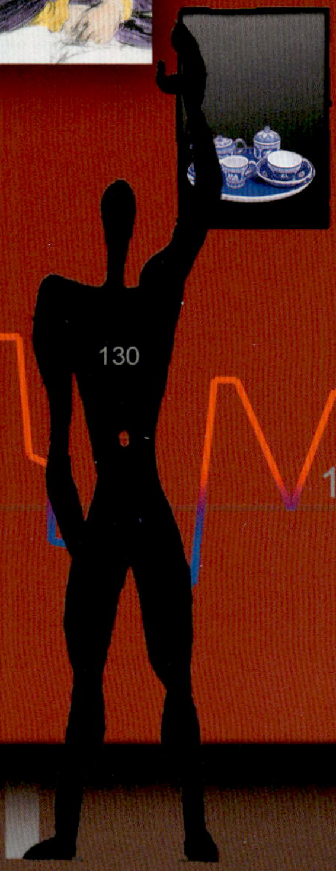

Es war das letzte Mal, d ich noch genug Kraft hat Berge zu erklettern oder Wanderungen zu unterne wie sie für geologische A nötig sind.

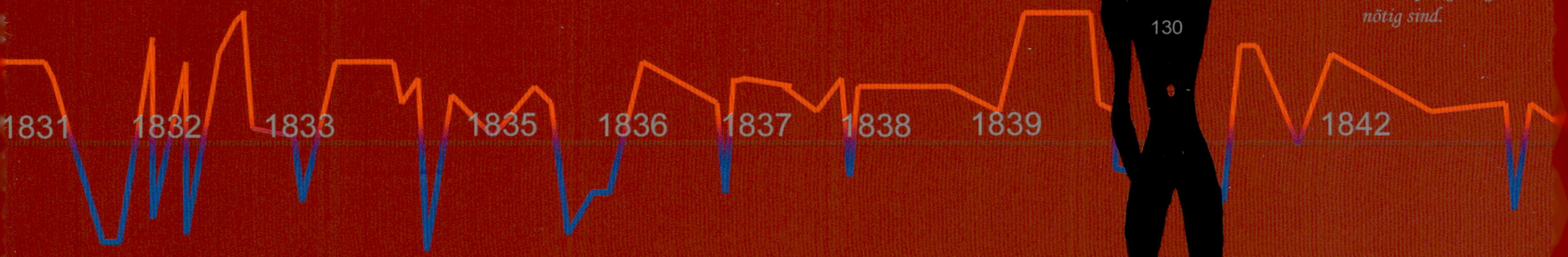

1833
Darwin trifft auf eingeborene Feuerländer. Er ist zugleich fasziniert und entsetzt über deren primitive Lebensweise.

1836
Heimkehr mit Überraschung: Seine vielen Naturaliensendungen von der Reise haben ihm in der wissenschaftlichen Welt einen Namen gemacht.

1838
„Zur Unterhaltung“ liest Darwin das Werk des seit 40 Jahren berühmten Ökonomen Thomas Malthus. Ihm geht ein Licht auf: das „Ringen ums Dasein“ gibt es nicht nur in der menschlichen Gesellschaft!

1842
Darwin wird mit 33 zum Stubenhocker. Seine „Stube“ ist der Landsitz Down House. Hier wird er bis zu seinem Tod leben. Meist kränkelnd und stets forschend. Erster Volltreffer: Darwin erklärt die Entstehung von Korallenriffen. Die Biologie muss noch warten: weitere Veröffentlichungen zur Geologie folgen.

18
Ch
zu
te
ar
ar

e
chts
ler Welt
rtgefechte
klaverei,

1835
Galapagos! Geburt der Evolutionstheorie? Keineswegs. Die Bedeutung seiner Aufsammlungen wird Darwin erst nach seiner Rückkehr klar. .

1837
Charles Darwin denkt über „Transmutation“ nach – und kritzelt eine hastige Strichzeichnung in sein Notizbuch: einen ersten Stammbaum.

1839
„Heiraten – heiraten – heiraten“: Es ist seine Cousine ersten Grades Emma Wedgwood, aus der reichen Familie der berühmten Keramikfabrikanten.

1844
Ein Manuskript zur „T
ist fertig. Dennoch sa
noch jahrelang Belege
Theorie, züchtet Taub
korrespondiert mit de
wissenschaftlichen W

RISKANTE BALANCEAKTE. Ausstellungstexte sind anders als der, den Sie gerade lesen. Wer denkt schon daran, dass ein solcher Text sehr viel mehr Anforderungen erfüllen muss, als bloß populärwissenschaftlich zu sein?

Sie lesen unter erschwerten Bedingungen, Ihre Zeit und Ausdauer sind begrenzt, ab dem zweiten Saal sind Sie müde, neben Ihnen möchten andere partout den gleichen Text lesen oder die laute Führung nebenan stört Ihre Konzentration.

Es geht also darum, Leseschwierigkeiten aus dem Weg räumen und die Aufmerksamkeit immer wieder aufs Neue fesseln. Denn Leser geben ganz schnell auf, wenn sie auf Hindernisse stoßen oder wenn es fad wird. Gleichzeitig muss aber auch fundierte Information vermittelt werden. Beides zusammen soll einen spannenden und lesbaren Text ergeben.

Ein paar Kommentare zum folgenden Text sollen zeigen: warum so und nicht anders?

Das Kreuz mit der Kirche

Wellendorf 26.8.09 11:34
Kommentar: Überschrift groß und unübersehbar – selbst notorische Leseverweigerer nehmen nachweisbar diese Information auf.
Provokante, prägnante und wenn möglich Emotionen auslösende Formulierung erweckt Neugier.
Doppeldeutiges Wortspiel mit idiomatischer Wendung „Das Kreuz mit".

Gott hat alles geschaffen, ein für alle Mal. So steht es geschrieben. Nichts ändert sich. Das glaubte nicht jeder: Schon lange vor Darwin gab es „Darwinisten". Manche bezahlten teuer dafür.

Soliveres 26.8.09 11:34
Kommentar: Kürzestmögliche Formulierungen.

Soliveres 26.8.09 11:34
Kommentar: Ein Grundprinzip: Ganz normale Alltagssprache erleichtert das Lesen.

Soliveres 26.8.09 11:34
Kommentar: Dieser kurze Textblock nach der Überschrift ist das Angebot an den Wenigleser. Inhalt und Formulierung müssen Neugier auf den weiteren Text machen.

- Verbrennen, verbieten, ächten: Eine mächtige Kirche hatte sich seit jeher gegen Abweichler zu wehren gewusst. Der Satz „Der Mensch stammt vom Affen ab" (nein, der ist nicht von Darwin!) brachte den Mönch Vanini 1619 noch auf den Scheiterhaufen.

Soliveres 26.8.09 11:34
Kommentar: Starke, aktive Vokabel gehören an den Anfang von Textblöcken. Neutrale Textanfänge (etwa „Im Jahre 1619 ...") sind der Anfang vom Ende des Gelesenwerdens! Verben sind besser als Substantive (Nicht: „Scheiterhaufen, Verbot, Acht".)

Soliveres 26.8.09 11:34
Kommentar: Zitate schaffen Authentizität. Dieses kommt noch dazu als Überraschung (wer kennt schon Vanini?) und hat unmittelbaren Bezug zum Gesamtthema der Ausstellung.

Soliveres 26.8.09 11:34
Kommentar: Immer aktiv formulieren! Passiva schläfern ein. Nicht „er wurde verbrannt".

- Die Hardliner der Kirche fochten jedoch spätestens seit der Aufklärung zunehmend aussichtslose Rückzugsgefechte gegen eine immer selbstbewusstere Wissenschaft.

Soliveres 26.8.09 11:34
Kommentar: Aktionsstarke Bilder statt neutraler oder gar passiver Verben: „Gefechte fechten" statt z. B. „wurde verteidigt".

- Dabei waren schon antike Philosophen auf brauchbaren Fährten unterwegs. Und nach ihnen immer mehr Gelehrte, vor allem ab dem 18. Jahrhundert. Auch Darwins Großvater gehörte dazu!

Soliveres 26.8.09 11:34
Kommentar: Das Wort kündigt einen Gegensatz an, der eine Erwartung erzeugt.

Wellendorf 26.8.09 11:34
Kommentar: Bildstarke Formulierungen, die Bewegung suggerieren („auf Fährten unterwegs sein"), halten Aufmerksamkeit besser aufrecht als etwa „Ideen haben".

Wellendorf 26.8.09 11:34
Kommentar: Überraschende Fakten. Das erweckt Spannung, der Leser erwartet weitere Erklärung im Ausstellungsverlauf.

- Die erste durchdachte Evolutionstheorie gelang 1809 dem Franzosen Lamarck. Vieles daran war noch falsch. Doch von nun an gehörte der Satz „Arten ändern sich" zum Credo einiger fortschrittlicher Wissenschaftler (und Pseudowissenschaftler!).

Soliveres 26.8.09 11:34
Kommentar: Entgegensetzende Begriffe erzeugen Kontraste und somit Spannung.

Soliveres 26.8.09 11:34
Kommentar: Anspielungen schaffen ein Beziehungsnetzwerk von Bedeutungen, die dem Gesamtinhalt festigen. „Credo" als Anspielung an das Thema Glaube/Kirche.

- Darwin hortet ab 1831 Belegmaterial für die Evolution. Erst 1859 wagt er sich an die Öffentlichkeit. Denn mächtig war die Kirche immer noch – und der Konflikt kam wie das Amen im Gebet.

Wellendorf 26.8.09 11:34
Kommentar: Viel anschaulicher und aktiver als etwa „sammelt", außerdem inhaltlich gerechtfertigt. Das Interessante wenn möglich als Texteinstieg, nicht „Ab 1831 hortet Darwin"

Soliveres 26.8.09 11:34
Kommentar: „hortet ... wagt": Der plötzliche Wechsel in die Gegenwart holt das Geschehen durch den Zeitensprung ganz nahe heran. Das verleiht Spannung, besondere Bedeutung und die Unmittelbarkeit des Dabeiseins.

Wellendorf 26.8.09 11:34
Kommentar: Kräftiger Schluss mit augenzwinkerndem Bild aus dem klerikalen Begriffsreservoir statt blassem „der Konflikt war vorhersehbar".

schlich mich in sehr
amer Weise der Unglaube,
h schließlich gänzlich
ubig wurde

Die Kraft zu einer innigen Freundschaftsbeziehung habe ich verloren.

Doch jetzt, seit vielen Jahren schon, halte ich es nicht aus, auch nur eine Zeile eines Gedichtes zu lesen … Auch habe ich jeden Geschmack für Gemälde oder Musik verloren. Der Verlust dieses Kunstsinnes ist ein Verlust von Glück.

erschied in den
Fähigkeiten
chlechter zeigt
s der Mann in
unternimmt
it als die Frau –
um tiefe
rnunft oder
der bloß den
Sinne und Hände

Meine Ansichten sind oft gröblich missinterpretiert, bitterlich bekämpft und lächerlich gemacht worden.

Sie ist mein größter Segen gewese

Hauptsächliches Vergnügen und einzige Beschäftigung während meines ganzen Lebens war wissenschaftliches Arbeiten.

Das Geheimnis des Anfangs aller Dinge ist für uns unlösbar.

Im Großen und Ganzen zweifle ich nicht daran, dass meine Arbeiten immer und immer wieder übertrieben gelobt worden sind.

Mir scheint, mein Geist ist eine Maschine geworden, wie gemacht dafür, allgemeine Gesetze knirschend aus großen Tatsachenzusammenhängen auszumahlen.

Ich war wirklich in höchstem Grade glücklich in meiner Familie.

Ich habe nicht die geringste Angst vor dem Tod – erinnere dich, was für eine gute Ehefrau du gewesen bist – sage allen meinen Kindern, sie sollten sich erinnern, wie gut sie zu mir gewesen sind.

Der wichtigste Schluss, zu dem dieses Werk gelangt, nämlich dass der Mensch von einer niedrig organisierten Form abstammt, wird – es tut mir leid – vielen Leuten höchst widerlich sein.

… sprechen so deutlich aus,
nzähligen Arten … von
nen Eltern herkommen und
delt worden sind im
r Abstammung.

Die Liebe derer zu erringen, mit denen man lebt … ist unzweifelhaft die größte Freude auf dieser Erde.

Es lohnt sich beinahe, krank zu sein, um von dir gepflegt zu werden.

1862 1866 1871 1872 1875 1876 1881 1882

n leistet auch Grundlegendes
chideenfächer: „Die verschiedenen
htungen, durch welche Orchideen
nsekten befruchtet werden“ erscheint.

rt –

1866
Ernst Haeckel besucht Darwin. Der Unterstützer der Evolutionstheorie im deutschen Sprachraum versteht sich mit Charles glänzend.

1871
Seit Jahren sind Affenkarikaturen mit Darwin gang und gäbe: Dabei schreibt er jetzt erst über die „Abstammung des Menschen“ von einem affenartigen Geschöpf.

1872
Mit dem „Ausdruck der Gemütsbewegungen bei Menschen und Tieren“ verfasst Darwin ein grundlegendes Werk der Psychologie und Verhaltensforschung.

1875
Charles Darwin beweist, dass es insektenfressende Pflanzen gibt und schafft ein weiteres Standardwerk.

1876
Charles gewinnt zum 2795. Mal eine der allabendlichen Backgammonschlachten gegen Emma. Seit seiner Heirat ist er ein vorbildlicher Ehemann und Familienvater, der immer Zeit für seine Kinder hat. Und er schreibt seine Autobiografie.

1881
Die „Legende Darwin“ ist sich nie zu schade, Großes an Kleinem zu entdecken: „Die Bildung der Ackererde durch die Tätigkeit der Regenwürmer“ erscheint.

1882
Darwin stirbt. Und wo begräbt man den „Kaplan des Teufels“? In Westminster Abbey.

Darwin

life"

So be
langs
bis ic
ungl

Es liegt Größe in dieser Vorstellung … dass aus einem solch einfachen Anfang sich eine endlose Reihe der schönsten und wundervollsten Formen entwickelt hat und noch immer entwickelt.

den Rest meines Lebens meine Adresse sein

Der Hauptun
intellektuelle
der beiden Ge
sich darin, da
allem, was er
Höheres errei
egal ob es sich
Gedanken, V
Imagination
Gebrauch der
handelt.

Ich kann mich nicht dazu überreden, dass ein gütiger und allmächtiger Gott vorsätzlich die Ichneumonidae [Schlupfwespen] erschaffen haben würde mit der ausdrücklichen Absicht, dass sich diese in den lebenden Körpern von Raupen ernähren, noch dass eine Katze mit Mäusen spielen sollte.

Ich hatte reichlich Muße, weil ich nicht mein eigen Brot verdienen musste.

Emma war sehr nachlässig in letzter Zeit, denn wir hatten schon mehr als ein Jahr kein Kind.

einen Mord

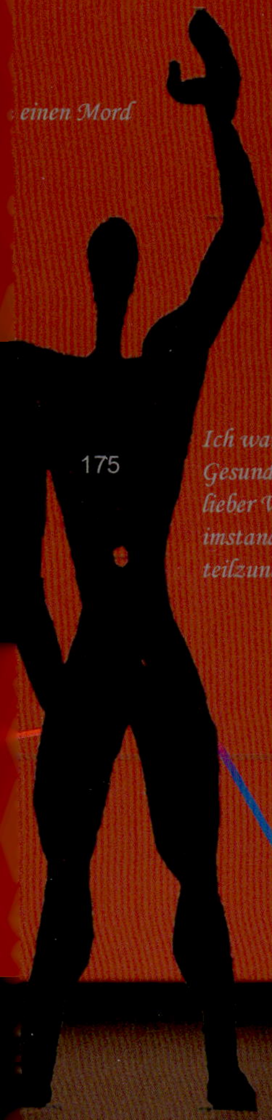

Mein Werk ist zunichtegemacht.

Die meisten oder alle empfindungsfähigen Wesen haben sich durch natürliche Selektion in solcher Weise entwickelt, dass angenehme Gefühle ihnen gewöhnlich als Führer dienen.

Die Tränen steigen mir manchmal immer noch [1876] in die Augen, wenn ich an ihre süße Art denke.

It is no doubt the chief work of my life

Ich war von derart schlechter Gesundheit, dass ich, als mein lieber Vater starb … nicht imstande war, am Begräbnis teilzunehmen.

Ich kann in der Tat kaum nachvollziehen, wie irgendjemand wünschen sollte, dass das Christentum wahr wäre.

Wir haben die Freude unseres Hauses verloren, und den Trost unseres Alters … Oh könnte sie jetzt wissen, wie tief und zärtlich wir, jetzt und für immer, ihr liebes, fröhliches Gesicht lieben.

Wir sind eine erbärmliche Familie & sollten ausgelöscht werden.

Fakten …
dass die
gemeinsa
abgewan
Laufe de

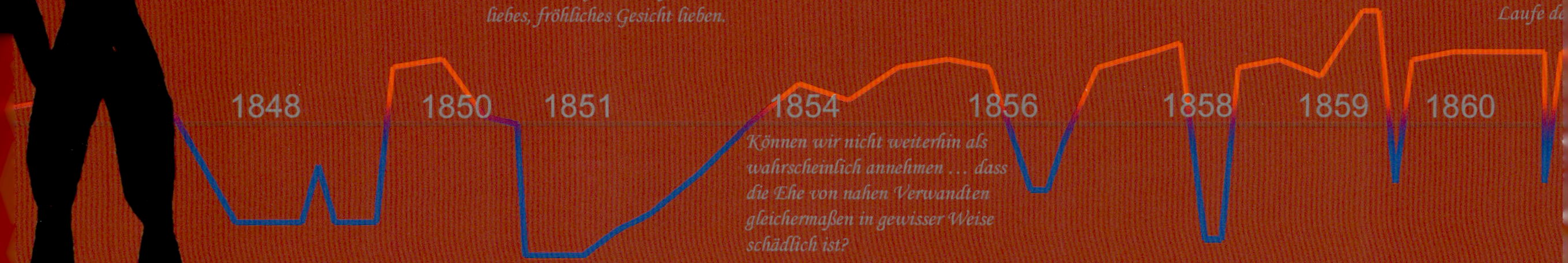

Können wir nicht weiterhin als wahrscheinlich annehmen … dass die Ehe von nahen Verwandten gleichermaßen in gewisser Weise schädlich ist?

… Darwin ist … gräbnis … en. Er leidet … chwindel- … pfung.

1850
Darwin beginnt die Niederschrift seiner seit Jahren andauernden, detailversessenen Arbeit über – nein, nicht die Evolution: Rankenfußkrebse.

1851
Der Tod seiner geliebten Tochter Annie erschüttert Darwin und seinen schon seit langem abbröckelnden Glauben. Fortan besucht die Familie die Sonntagsmesse ohne ihn.

1854
Darwin befreundet sich mit „seiner Bulldogge": So wird man nämlich T. H. Huxley später nennen, wegen seines kompromisslosen Kampfes für die Evolutionstheorie.

1856
Vermutlich geistig behindert wird das 10. Kind der Darwins geboren (Emma ist in ihrem 49. Lebensjahr). Es wird Monate später sterben. Darwin macht sich Vorwürfe wegen Inzucht.

1858
Heilsamer Schock: Ein anderer (A. R. Wallace) hat auch die Mechanismen der Evolution entdeckt – er will publizieren! Darwin stürzt sich über sein Manuskript.

1859
Endlich erscheint die „Entstehung der Arten" und ist sofort vergriffen. Charles wird für den Ritterschlag vorgeschlagen – Bischof Wilberforce weiß das zu verhindern.

1860
Die zweite Auflage von „Origin" erscheint schon im Jänner. In Oxford kommt es zur Konfrontation: Wilberforce attackiert die Arbeit Darwins auf allen Linien, „Darwins Bulldogge" Huxley konte… beide Parteien beandspruchen den Sieg.

1862
Darw…
für O…
Einri…
von …

EINE PHANTASTISCHE NEUE WELT betritt der Besucher im nächsten Saal. Ähnlich wie er zu Ausstellungsbeginn auf den kirchlichen Widerstand früherer Jahrhunderte stößt, gerät er hier mitten in eine zunächst verwirrende Lebensvielfalt.

Wie kam es zu dieser unüberschaubaren Diversität? Das ist es, wovon uns Darwin und seine Nachfolger vieles erklären werden. Dieser und der nächste Saal sollten ein sinnliches Fest werden, das auch dem weniger Wissbegierigen eine wenig sinnliche Theorie schmackhaft macht. Vorwiegend optisch vermittelte kleine Erlebnisse – das gilt für die gesamte Ausstellung – bauen Brücken des Interesses und verleiten, die Texte nach dem Sinn des Dargestellten zu befragen.

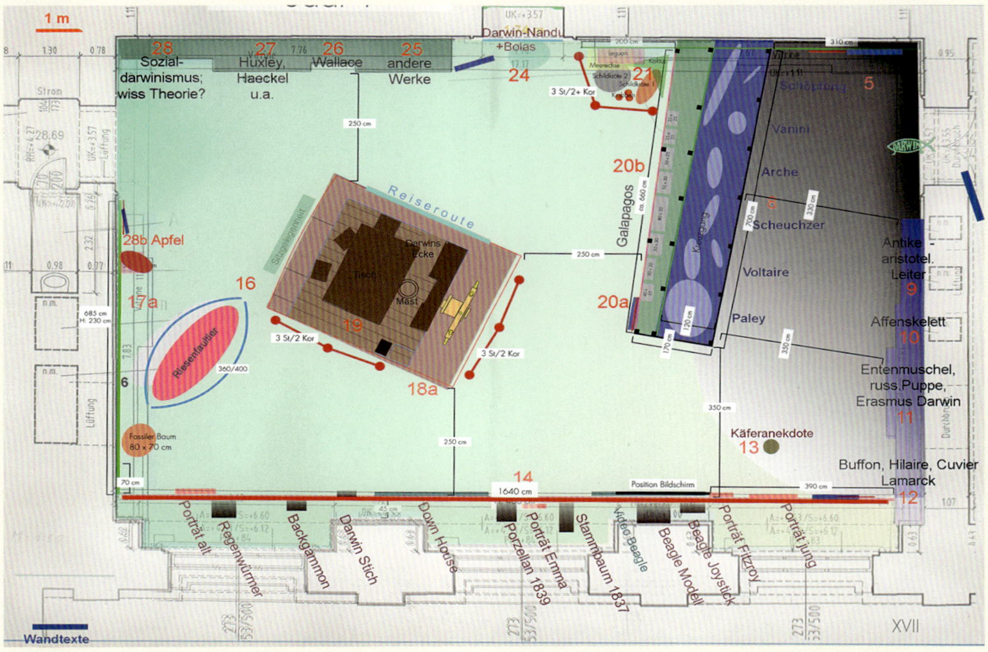

HABEN SIE SICH AUCH SCHON GEÄRGERT, wenn Ihnen in einer Ausstellung kein Anhaltspunkt gegeben wurde, ob es rechts oder links weitergeht? Unklarer Wegverlauf ist einer der häufigen Schnitzer der Ausstellungsmacher.

Diesen Saal betreten Sie rechts oben im Plan und stoßen direkt auf die Spitzbogenarchitektur. Am Ende dieser „Ouvertüre" angekommen, wird niemand die Wandvitrinen schräg hinter sich auslassen, da ist kein Wegweiser nötig.

Das folgende Saaleck (rechts unten) ist ein Wendepunkt: Im Erscheinungsjahr von Lamarcks Werk (1809) wird Darwin geboren. Der Rechtsschwenk Richtung Biografiewand eröffnet Darwins langes Leben – in formalem wie inhaltlichem Sinn eine neue Richtung. Jeder Besucher geht hier ohne weitere Weghilfe bis zu Darwins Tod, hat danach gar keine andere Möglichkeit, als vorbei am Riesenfaultier, das auch (!) als Durchgangssperre dient, zum Nachbau von Darwins Kajüte zu gelangen: So wie die Beaglereise im Zentrum von Darwins Leben steht, steht auch die Kajüte als Symbol für diese Reise im Zentrum des Biografiesaales.

In dieses Hauptereignis in Darwins Leben wird nach dem Überblick der Biografiewand noch einmal groß hineingezoomt: mit getreuer Kabinenrekonstruktion, Galapagosinstallation (Finken und Schildkröten) und weiteren Themeninseln zu den entscheidenden Aha-Erlebnissen dieser Reise. Bis zum Ausgang links oben im Plan bleibt der weitere Weg unmissverständlich (Thema: Wirkungsgeschichte).

VON SEX UND ZUCHT, AUSSTERBEN UND ZIELLOSIGKEIT. Riesenhirsch und Säbelzahnkatze stehen nicht zufällig am Schnittpunkt der Themenbereiche sexuelle Selektion und Artentod: Manchmal führen die Eskapaden sexuell begründeter Merkmalsausprägungen in evolutionäre Sackgassen. Artensterben ist ein viel entscheidender und integraler Bestandteil der Evolution, als es den meisten bewusst ist: Über 99 Prozent aller Arten existieren nicht mehr.

Als „lebende Fossilien" gelten solche Spezies, die es eigentlich längst nicht mehr geben sollte – alle ihre näheren Verwandten hat es längst erwischt. Ist sie also stillgestanden, die Evolution? Wir räumen die Irrtümer dazu aus. Hier zeigt gerade das „lebende Fossil" par excellence, der Quastenflosser, seinen berühmten Kopfstand.

Von der langsamen zur schnellen Evolution (Türnische und Wandteil mit Rinderschädeln): Greift der Mensch ein (künstliche Selektion), können Veränderungen besonders schnell erfolgen. Darwin zeigte anhand der Zucht, wie und wie schnell sich Merkmale verändern können und

schloss daraus auf die prinzipiell gleichen Mechanismen der natürlichen Selektion. Unsere Beispiele: Hunde, Wilder Kohl, Zuchttauben und Rinderrassen. Ein wirkmächtiges optisches Gestaltungsmittel ist die Wiederholung des Ähnlichen. Eindrucksvolle Rinderschädel aus unserer außergewöhnlichen Sammlung beherrschen dieses Wandsegment formal durch Variationen, die inhaltlich genau den Variationen entsprechen, an denen Selektion und somit Evolution ansetzt. Im linken Wandelement räumen wir auf mit falschen Vorstellungen: Evolution kennt weder Ziel noch Perfektion.

SCHWEINEMENSCH, RAURACKEL UND ANTIKE MISCHWESEN. Der Besucher betritt von rechts im Bild den Saal und stößt auf die provokante Schweinemensch-Gruppe, optischer Aufmacher zum Thema molekulare Genetik, Gentechnik, transgene Organismen.

Erschreckende Vision der Machbarkeit von Evolution einerseits, seit Menschengedenken Vertrautheit mit „transgenen Organismen" wie Sphinx oder Zentaur andererseits. Angst vor Missbrauch und Hoffnung auf mögliche (zum Beispiel therapeutische) Segnungen durch Gentechnik sind aber nur Teil der Themen dieses Bereiches: „Klar weiß ich, was eine Art ist! Ein Tiger ist ein Tiger und ein Löwe ist ein Löwe." Und ein Panter ist ein Panter, ein Jaguar ist ein Jaguar? Dass Panter und Jaguar ein und dieselbe Art sind, zeigt, dass äußerliche Merkmale in die Irre führen können. Die Molekulargenetik findet neue Verwandtschaften und korrigiert manchen Ast der Stammbäume. Viele Ergebnisse der Molekulargenetiker bestätigen Darwins gemeinsame „Abstammung mit Veränderung" eindrucksvoll: Die Gruppe im Vordergrund veranschaulicht die nur so erklärbare erstaunliche Ähnlichkeit der Genausstattung verschiedenster Lebewesen: Die Hälfte der Gene des Menschen findet sich schon in der Banane!

t Art?
Artbildung
Drift und Zufall
Sichelzellen
Bakterien-sex

NACH WIE VOR GEHEIMNISVOLL und nicht enträtselt sind die Stationen, die von einem „affenähnlichen Vorfahren" (wie es Darwin formuliert hat) zu den Schimpansen einerseits und dem modernen Menschen andererseits geführt haben. Alle paar Jahre beantworten neue Funde eine alte Frage und stellen drei neue! Die Paläoanthropologen sind uneins, die Verästelungen und womöglich sogar Wiedervereinigungen verschiedener Entwicklungslinien sind alles andere als eindeutig, Artenfragen sind nicht gelöst.

Herkömmliche Stammbäume vermittelten oft ein euphemistisch eindeutiges Bild: Hier die Linie der Vorfahren – an deren Ende wir. Heute sprechen die meisten Forscher eher von einem vielfach verzweigten Stammbusch anstelle eines Stammbaumes mit wenigen Hauptästen. Und vieles am Astwerk dieses Busches ist noch undurchschaubar.

Unsere Inszenierung versucht diese Unsicherheiten und Unwägbarkeiten widerzuspiegeln: Matt verspiegelte Wände eines dunklen Raumes vervielfältigen die wenigen versteinerten Zeugen, die wir haben, in eine ungewisse Unendlichkeit. Die unzugänglichen, vervielfältigenden Spiegelbilder sind Sinnbild für die Unzahl nicht gefundener Fossilien, gar nicht zu reden von den nicht mehr vorhandenen Spuren unserer Frühgeschichte. Dort wären die Antworten zu finden, die wir mühsam aus dem wenigen tatsächlich Gefundenen herauszulesen versuchen. Umso eindrucksvoller zeugen die 15 Schädelfossilien von Fixpunkten und Fragezeichen der 18 Millionen Jahre vom *Proconsul heseloni* bis zum modernen *Homo sapiens.*

BRANDHEISSE THEMEN „Molekulargenetik" (im Bild rechts oben) und „Woher kommen und wohin gehen wir Menschen?" beherrschen den letzten Ausstellungssaal.

Die Symbolobjekte einer riesigen DNA-Doppelhelix für die Vererbung und der Würfelbecher für die oft missverstandene Rolle des Zufalls in der Evolution sollten den „Genetik-Luftraum" beherrschen. Eine „Ahnengalerie" früher Menschenarten dominiert die Erzählungen vom aufrechten Gang, Gehirnwachstum, Werkzeuggebrauch, Sprache und Kultur (und wir erklären, wieso sie alle schlecht geeignet sind, Menschsein zu definieren!). Der Clou zur Hominisation aber wurde ein Stammbaum-Raum, der die letzten 18 Millionen Jahre zur Geschichte der Menschwerdung evoziert. Aus dieser Perspektive hat man nur einen knappen Einblick durch die Türe (siehe linke Seite). Na ja, ein Ausstellungsmacher darf auch nicht verwirklichbare Visionen haben: Die Doppelhelix erwies sich nach Vorliegen der Offerte als unbezahlbar, die Würfel fanden einen anderen Platz. Doch erwies sich die überdimensionale leuchtende Zelle als so raumbeherrschend, dass 12 Meter Doppelhelix wohl zu viel des Guten geworden wären.

Zoologische Hauptpräparation: Ein Affe wird präpariert. Er wird in der Ausstellung den Spiegel halten, in welchem sich die Besucher betrachten und den Darwin´schen Ohrhöcker an sich suchen können – ein atavistisches Relikt.

Tiere verlieren im präparierten Zustand im Laufe der Jahre ihre natürliche Farbe. Diese wieder aufzutragen, ist Aufgabe der Präperatoren des Hauses – diese in allen Nuancen auch zu treffen, ist eine eigene Kunst.

Im Naturhistorischen Museum werden prinzipiell Originale ausgestellt. Modelle kommen nur zur Darstellung komplexer Strukturen oder Vorgänge zum Einsatz. Diese Saurier werden bemalt und zur Erläuterung der Vererbungsgesetze verwendet.

Saal 1
Saal 2
400 cm

Zwei Jahre Planung, drei Monate Aufbau: Über hundert Personen, darunter Arbeiter unterschiedlichster Profession, Planer, zwanzig hauseigene und zwanzig externe Wissenschaftler haben an dieser Ausstellung gearbeitet.

Die Galapagos-Ecke: Darwin hat die Finken zwar systematisch gesammelt aber kaum beachtet, die Schildkröten und Meerechsen interessierten ihn viel mehr. Besonders zu denken gab ihm der flugunfähige Kormoran: Wozu hat er Flügel?

IV. DARWINS REVOLUTION

DIE AUSSTELLUNG

DARWIN, JESUS UND DER KARDINAL

Bernd Lötsch, Generaldirektor Naturhistorisches Museum Wien

In den USA schwelt ein offenbar unstillbarer Konflikt zwischen bibeltreuen Welterklärern – Creationists und der neodarwinistisch geprägten Evolutionsbiologie. Auf einer Amerikareise geriet Kardinal Schönborn 2005 durch Journalistenfragen zwischen die Fronten. In der Absicht klugen Vermittelns meinte er sinngemäß in der New York Sunday Times, dass eine Abstammung aller Lebewesen von gemeinsamen Urformen wohl stimmen dürfte. Der rigide Dogmatismus der Neodarwinisten jedoch, dass alles weitere nur durch blinden Zufall und natürlicher Auslese geschah, sei – nicht nur aus christlicher Sicht – unbefriedigend. Er wolle die Möglichkeit planvoller Eingriffe des Schöpfers als Intelligent Design in das Evolutionsgeschehen nicht ausschließen – oder wie ein Biologe den medial nach Österreich überschwappenden Konflikt charakterisierte: „Ein bisserl Kreationismus sollte wohl erlaubt sein."

PLANMÄSSIGE EVOLUTION? In der Folge wurde ich zu Stellungnahmen herausgefordert. Die dann gesendeten Rundfunkbeiträge waren mir zu stark verkürzt, da die Medien überdies polarisieren wollten. Weder hatte ich die Absicht gehabt, den Kardinal zu kompromittieren, noch mich quasi als naturwissenschaftlich geprägter „Parade-Atheist" gegen die Kirche ausspielen zu lassen, denn ein solcher bin ich nicht. Gewiss schon durch den Sponsionseid dem verpflichtet, was ich für die Wahrheit halte, sollte ich auch stellvertretend für die wissenschaftliche Gemeinschaft sprechen. Ich tat dies durchaus selbstkritisch – etwa mit dem Hinweis, dass sich selbst Hochschulbiologen unbewusst dem Eindruck planvoller Prozesse in der Lebensentfaltung nicht ganz entziehen könnten, wenn sie bis heute vom Bau- „plan" der Mollusken, Knorpelfische oder Säuger reden oder ökologische Nischen von Arten mit „Plan"-stellen der Natur vergleichen. Ich hoffte, auch zeigen zu können, dass einen das biologische Evolutionsgeschehen selbst als Naturwissenschaftler nicht daran hindere, von Jesus fasziniert zu sein – wie auch ich es bin, gleich ob er der menschlichste Gott oder der göttlichste Mensch war, der je unter uns weilte. Während Kardinal Schönborn aus dieser wohl ähnlich empfundenen Faszination von Jesus glaubt, die Evolutionstheorie rund um Gott entwickeln und an diesen anpassen zu müssen, können für mich der göttliche Mensch oder menschliche Gott Jesus und die Evolution nebeneinander auch so koexistieren.

Abbildung aus Ernst Haeckel: „Kunstformen der Natur", 1899; Tafel 31: Flaschenstrahlinge. Strahlentierchen oder Radiolarien sind einzellige Lebewesen, mit einem Skelett aus Siliciumdioxid. Haeckel war einer der vehementesten Verteidiger der Darwin'schen Theorie im deutschen Sprachraum.

Wenn er Gott war, dann jene seiner Erscheinungsformen, die sich auf den Menschen bezog. Die Entstehung des Universums und die Evolution waren Jesus keine Bemerkung wert!

Viele Christen sehen in der Vielfalt, Schönheit und Angepasstheit der Organismenwelt einen Ausdruck eines allwissenden, allmächtigen und liebenden Schöpfers. Wer aber die unsägliche Grausamkeit, die täglich millionenfach stattfindenden, sinnlosen Leiden unschuldiger Geschöpfe kennt, aus welcher die so göttlich anmutende Ordnung des Lebendigen in Wahrheit immer von neuem emporwächst, kann zwar den großartigen Entwurf bewundern, aber die Intervention eines „liebenden persönlichen Gottes" vermag er darin nicht zu erkennen. Dies beschäftigte bereits Darwin mehr als die meisten wissen. Denn nach einem abgebrochenen Medizinstudium war die einzig abgeschlossene Ausbildung Darwins die Theologie. Zur ihn und unser biologisches Weltbild verändernden, fünfjährigen Forschungsreise mit der Beagle, mit dem bibelfesten Kapitän Fitzroy, kam er nur wegen seiner Kenntnisse, die er sich als Amateur- „naturalist" mit Jagd, Lektüre, Tier- und Pflanzenbestimmung und weit überdurchschnittlicher Beobachtungsgabe schon früh erworben hatte. Seine langsame, von ihm selbst staunend, fast widerwillig akzeptierte Erkenntnis des Artenwandels, die ihm während der Weltenumsegelung dämmerte, zum Beispiel 1835 auf Galapagos traf ihn unvorbereitet. Erst dann spielte das Studium der Domestikation, einer Veränderung von Arten durch Auslese innerhalb der von Menschen überschaubaren letzten Jahrtausende eine wichtige Rolle auf dem Erkenntnisweg. Genetik und die Erkenntnis von Mutationen – als Schreib- und Kopierfehler der Erbinformation – waren noch nicht entwickelt. Charles war im Grunde seines Herzens durchaus auch „Lamarckist", das heißt von der Möglichkeit einer „Vererbung erworbener Eigenschaften" noch überzeugt. Es ist selbst für moderne Biologen immer wieder verführerisch, auch solche Mechanismen anzunehmen, wenn sie mit dem völlig ziellosen Würfelspiel von Mutation und Selektion als alleinigem Evolutionsprinzip unzufrieden sind.

ÜBERLEBEN WIRKLICH NUR DIE TÜCHTIGSTEN? Die Beunruhigung religiöser Kreise durch Darwins Evolutionstheorie ist nicht die einzige Verwirrung, die der vornehm stille und konfliktscheue Brite seit 1859 ausgelöst hat. Der „Affenstreit" um unsere Herkunft ist entschieden, die damals fehlenden Zwischenformen – missing links, sind längst gefunden. Anatomisch kein Zweifel mehr, streiten Ideologen nur noch über den äffischen Sockel unserer Verhaltensprogramme. Mehr Kopfweh – und das zu recht – bereitet das „blinde Spiel von Zufall und Irrtum", Mutation und Selektion, Erbfehler und Auslese. Dieses ziellose Gewürfel schaffte allein die hohe Ordnung des Lebendigen? Auch Darwin genügte dies nicht. Er glaubte – wie Lamarck und der einflussreiche Denker Herbert Spencer – auch an die „Vererbung erworbener Eigenschaften", von Konrad Lorenz später scherzhaft zur „Erwerbung verdorbener Eigenschaften" reimgeschüttelt. Demnach sollten individuelle Anpassungen an Umweltreize, zum Beispiel die Bräunung der Haut durch Sonnenlicht bei dunkelhäutigen Menschen, im Lauf hunderter Generationen erblich fixiert werden können. Erst die rigiden Neo-Darwinisten schlossen dies aus. Spermien und Eizellen wüssten nichts von der jeweiligen Bräunung der Haut, meinten sie. Erst mussten ihre Ahnen nach dunkel mutiert sein, so passten sie danach erst in den Süden.

Die Molekularbiologie hält hier jedoch wieder eine Tür für Lamarck offen. Bei Einzellern, die sich durch Teilung vermehren und Organismen, die sich selbst durch Sprossung klonen, wäre die Vererbung ihrer erworbenen Eigenschaften ohnehin nie auszuschließen gewesen. Die wichtigste Gestaltungskraft aber, welche die Umwelt auf den Lebensstrom ausübt, ist und bleibt die Selektion. Dies erkannt zu haben, ist das Verdienst von Charles Darwin und Alfred Russel Wallace. Als Herbert Spencer, einer der einflussreichsten Denker des Viktorianischen England, ihre schicksalhafte Bedeutung für die Evolution endlich akzeptiert hatte, brachte er sie fünf Jahre nach Darwins „Origin of the Species" sprachlich genial auf den Punkt: „Survival of the fittest". Darwin hätte es nicht besser sagen können, hat es später auch verwendet – und bezieht prompt bis heute dafür Prügel.

Im Übrigen mochte Darwin Herrn Spencer nicht sehr. Er fand es zwar interessant, mit ihm weitläufig zu diskutieren, aber dessen messerscharf zergliedernde Sicht auf alles war ihm unheimlich: „Ich hatte nicht das Gefühl, ich könne mich leicht mit ihm anfreunden. Ich bin mir nicht bewusst, dass ich für meine Arbeiten irgendetwas aus seinen Schriften gelernt hätte. Seine Schlüsse überzeugen mich nie."

MISSDEUTUNGEN EINER LEHRE. Hemdsärmelige Sozialdarwinisten unter „Geldmenschen" und „Rechtsliberalen" missdeuten Darwins „Survival of the fittest" mit „Überleben der Tüchtigsten, der Stärksten". Und „Linke", die sich lieber mit solchen Feindbildern schlagen, statt Darwin im Original zu lesen, bekämpfen den Darwinismus in dieser verzerrten Deutung. Dass es mittlerweile auch eine „Fitnesswelle" und „Fitness Studios" zur körperlichen Ertüchtigung mit Muskelaufbau gibt, macht die Verwirrung komplett. „Does it fit you – passt es Dir?" und „The suit fits well – der Anzug passt!" enthüllen uns den wahren Wortsinn zu Darwins Zeit: Es passt! Das Überleben der unter gegebenen Umständen Bestangepassten.

Das können auch sehr unauffällige Überlebensstrategien in verborgenen Nischen sein: wachsamer, sparsamer mit Energie und Ressourcen, wendiger, besser getarnt, geschickter. Das universelle Gesetz vom Überleben der Bestangepassten gilt weit über die Biologie hinaus. So werden nicht die stärksten Autos auf dem Weltmarkt siegen, sondern die sparsamsten, vielseitigsten, jene mit dem intelligentesten Design. Dies gilt für ganze Branchen. Es gilt aber auch in zweischneidiger Schärfe für unsere Gesellschaft – vor allem für Politik, Verwaltung, Teile der Wissenschaft. Nicht nur zu unserem Vorteil – denn das Überleben der „Bestangepassten" verhindert gerade unter „Etablierten" die unbequemen Kurswechsel fürs Überleben der Biosphäre.

Nur Unangepasste können sie noch retten: Leute, die ihrer Zeit voraus sind, indem sie Zeitloses verteidigen – und dennoch schon verstanden werden. Denn im verzweifelten Versuch, die Dinge zu wenden, müssen auch sie sich anpassen – an Hirn und Herz ihrer Mitbürger, ihre Art, Zusammenhänge zu verstehen, Nöte zu empfinden, sich für Visionen zu begeistern. Hier geht es selbst für Unangepasste darum, angepasst zu argumentieren. Wie können wir die Menschen überreden, in ihr eigenes Überleben einzuwilligen? Das einzig Beständige ist, dass immer wieder Veränderungen passieren. „Wer will, dass die Welt so bleibt, wie sie ist, will nicht, dass sie bleibt." So richtig dieses Zitat von Erich Fried auch ist – es wird gern missverstanden, um – im anderen Extrem – grundlose Neuerungswut zu rechtfertigen. Auch sie wird durch die Evolution Lügen gestraft: „Fortschritt in Gemächlichkeit" ist eines ihrer Erfolgsprinzipien.

DARWIN AUF DISTANZ ZU GOTT. Doch zurück zu Darwin und warum er den „persönlichen" Gott seiner Theologieausbildung allmählich verlor: Wenn ein Mensch leidet, meinte er sinngemäß, könne man hinter diesem Leiden innerhalb des religiösen Menschenbildes mit Seele, Unsterblichkeit und dem Tod als Wechsel der Welten, noch einen Sinn, beispielsweise in der göttliche Prüfung, in der Schicksalswende zum Wesentlichen oder in der Sühne vermuten. Was aber ist der Sinn des so häufig beobachtbaren Leidens der unschuldigen Kreatur, wie es uns in der Natur so tausendfältig begegnet?

Wenn etwa eine Gruppe von Kaninchen, oder auch ein Hirsch- oder Wolfsrudel zur bloßen Bestandserhaltung im Laufe weniger Jahre eine zehn- bis tausendfache Überproduktion von Nachkommen leisten muss, von denen dann eben über 90 Prozent dieser entzückenden und schuldlosen Jungtiere zugrunde gehen, und zwar – meist grausam leidend – durch Beutegreifer, Seuchen, Parasiten, durch Verhungern und Erfrieren, so ist dies kein unglücklicher Zufall sondern der Normalfall des Evolutionsgeschehens, der „grausam bewahrenden Selektion". Hier stellt sich tatsächlich die Frage, wie liebend ein solcher Schöpfergott mit seiner Kreatur verfährt. „Wenn Gott ständig eingriffe", meinte Eibl-Eibesfeldt „dann wäre er ein Sadist".

Diese Einsicht ließ Darwin zu Gott auf Distanz gehen. Stärkstes Schlüsselerlebnis war für den Familienmenschen Charles das unerklärliche Hinsterben seines 10-jährigen Lieblingstöchterchens Anne – ein Schlag, den er nie ganz überwand. Er erkannte Gott als Uhrmacher des Universums und der Lebensgesetze an, hielt seine Rolle für die Schöpfung damit aber auch schon für erledigt. Er litt selbst darunter, beklagte, dass das naturwissenschaftliche Denken, das für alles rationale Beweise braucht, ihn zunehmend an religiösen Empfindungen hindere, wie auch seine Fähigkeit zum Kunstgenuss allmählich zurück gegangen sei. Vor allem scheint er das Gebet vermisst zu haben. Es gibt dazu einen berührenden Briefwechsel mit seiner Frau Emma. Jedenfalls wollte er keine Kontroversen mit der Kirche – die führten seine Freunde und Schüler wie Thomas Henry Huxley, die „Bulldogge Darwins", in England oder der streitbare Ernst Haeckel in Deutschland. Darwin mochte Haeckel, sagte auch, dass seine Argumente seinen Ansichten über die Abstammung des Menschen ähnlich seien, aber er fand auch, dass sich Haeckel viel zu kämpferisch zu sozialen und politischen Fragen äußerte. Nicht ohne Grund. Die wachsende Popularität von Haeckels Büchern und seines Antiklerikalismus führten als Gegenreaktion 1882 zur Abschaffung der Biologie in der Oberstufe von Preußens Schulen und zum Verbot der Entwicklungslehre im Unterricht. Darwins Theorie war wohl revolutionär, doch er selbst war kein Revolutionär.

DIE BIOSPHÄRE ALS ERGEBNIS VON UNZÄHLIGEN KATASTROPHEN. Dass der orthodoxe kompromisslose Neodarwinismus – der weit über Darwin hinaus geht – viele Biologen im Laufe ihres Reifungsprozesses unbefriedigt ließ, betraf aber weniger die Frage göttlicher Interventionen, sondern jene der „Vererbung erworbener Eigenschaften", das heißt, wieweit sich physiologische

Erfahrungen Hunderter von Generationen nicht doch in irgendeiner Form unterschwellig dem Erbgut mitteilen könnten. Darwin selbst zog solche zielgerichtet wirkende Mechanismen – zusätzlich zum blindzufälligen Spiel von Variation und Selektion – noch durchaus in Betracht, war – so gesehen – ein „schlechter Darwinist".

Wir sollten aber über all dem nicht vergessen, dass das, was wir heute als planvoll wirkende Ordnung des Universums bestaunen, erst aus Millionen von Katastrophen hervorgegangen ist – dass das Universum vor Milliarden Jahren ein Schlachtfeld von kosmischen Kollisionen, Explosionen und Eruptionen war, und dass wir heute nur jene Planetenbahnen sehen, die aus all dem übrig geblieben sind. Ebenso wissen wir, dass die heute hoch angepasst und vernetzt wirkende Ordnung des Lebendigen aus Millionen von Fehlkonstruktionen emporgestiegen ist, deren Reste wir punktuell als Fossilien auf dem Abfallhaufen der Erdgeschichte finden. Ich glaube, dass eine nach inneren Zwängen aus Versuch und Irrtum und vielleicht zusätzlichen Mechanismen, wie genetic shifts ablaufende Evolution, keinen Widerspruch zum wahrhaft christlichen Gott-Mensch-Bezug rund um das Phänomen Jesus bilden muss. Hunderte Millionen Jahre verlief die Evolution des Lebens zu immer höherer tierischer Intelligenz, ohne dass dabei die Frage nach „Gut und Böse" oder nach „Verantwortung" entstand. Die Tierwelt war eingebettet und gesichert in einem Netzwerk von Trieben und Instinkten. Kein Tier, auch nicht das intelligenteste, kann mehr als es darf.

NUR DER MENSCH KANN MEHR ALS ER DARF – UND TUT ES AUCH. Erst mit dem Homo sapiens sapiens vor rund vierzigtausend Jahren tritt eine völlig neue Dimension auf – ein Wesen, das aus der instinktgesicherten tierischen Existenz herausgewachsen, plötzlich mehr kann, als es darf, mit der „Frucht der Erkenntnis", seiner wahren „Erbschuld", auch Verantwortung erhält, Gut und Böse unterscheiden muss.

Die Evolution hat mit ihm einen Punkt erreicht, wo sie sich ihrer selbst bewusst werden konnte, durch ein Wesen, das ausbricht aus dem bisherigen rein physiologisch und triebbestimmten Naturgeschehen, ja mehr noch: Ein Wesen, durch welches alles Bisherige außer Kontrolle zu geraten droht, eine Spezies die sich selbst das Leben zur Hölle machen kann, die den Fortbestand intelligenten Lebens auf der belebten Kruste des Mutterplaneten aus eigener Kraft gefährden kann. Hier ist es selbst für hart gesottene Naturwissenschaftler verführerisch darüber nachzudenken, wieso an diesem Punkt ein Gottmensch oder Menschgott auftritt, dessen Strahlkraft und Lehre wie eine Korrektur für die aus dem Ruder laufende Evolution wirken könnte: die fast bedingungslose Liebe. Gott ist Mensch geworden, damit auch wir Mensch werden.

Verführerisch der Gedanke, dass dies gerade an einem Punkt der Menschheitsentwicklung einsetzt, an welchem erstmals eine globale Verbreitung, jedenfalls in der alten Welt möglich wird – durch schriftliche Aufzeichnung und kontinentale Migrationen, wie sie das römische Weltreich innerhalb relativ kurzer Zeitspannen vermochte.

DIE GENESIS ENTSCHLÜSSELN UND RICHTIG DEUTEN. Ich meine, dass die Kirche sich weiter und wieder verstärkt mit diesem zutiefst menschlichen Kernbereich zu befassen hätte, statt in

die kosmische und biologische Evolution hinein zu lehren. Dabei stimme ich mit dem Kardinal völlig überein, dass die Gelehrtenwelt, sowohl in ihren gängigen Ansichten zur Lebensentstehung als auch zur Evolution ebenso viele Glaubenselemente braucht, wie jemand der an die Interventionen einer schöpferischen Instanz glaubt. Auch der gläubige Atheist ist auf seine Art ein Glaubender. Deshalb hat die wissenschaftliche Gemeinschaft auf den Denkanstoß des Kardinals fast so dogmatisch und intolerant reagiert, wie man es der Amtskirche seit Jahrhunderten mit Recht vorwirft. Auch hier bin ich auf der Seite des Kardinals wenn er sagt, es müsse „doch erlaubt sein, nachzudenken". Das Ergebnis dieses Prozesses aber ist: Der Kern des Christentums liegt, wie ich zu zeigen versuchte, jenseits dieser Kontroverse. Niemand sollte eine Jahrtausende alte Offenbarungsreligion damit überfordern, naturwissenschaftlich valide Welterklärungsmodelle zu liefern. Richtig verstanden kommt die Genesis, vor Jahrtausenden für Hirten und Bauern als Legende erzählt, von allen bekannten Schöpfungsmythen der Völker und Kulturen dem naturgeschichtlichen Ablauf noch am nächsten, wie nachfolgende Gegenüberstellung des Ablaufs nur des ersten Tages der Genesis mit dem heutigen wissenschaftlichen Kenntnisstand zeigen mag:

ERSTER TAG – ERDE UND LICHT: *Am Anfang schuf Gott Himmel und Erde* – Der Erdball verfestigt sich aus heißen Gasmassen der Ur-Explosion. *Und die Erde war wüste und leer, und es war finster auf der Tiefe, und der Geist Gottes schwebte über dem Wasser* – Die Erde ist in dichte Nebel aus Wasserdampf, Meteoriten- und Vulkanstäuben mit Rauch gehüllt. Stellenweise kondensiert schon flüssiges Wasser. Und Gott sprach: *Es werde licht. Und es ward licht* – Die Dampf/Rauch- und Vulkanstaubhülle lässt bereits diffuses Licht durch. *Und nannte das Licht Tag und die Finsternis Nacht. Da ward aus Abend und Morgen der erste Tag* – Auch bei diffusem Wolkenlicht sorgt die Erdrotation für den rhythmischen Wechsel von Tag und Nacht.

Haeckels Freund und Schüler, Wilhelm Bölsche, nannte sein populäres Büchlein über die Epochen der Erdgeschichte (1906) deshalb „Schöpfungstage". Leute, welche die verschlüsselte Weisheit des Alten Testaments zu wörtlich nähmen, nannte er „die wahren Todfeinde der Bibel". Dagegen sind die christlichen Aussagen zur Mensch-Mensch- und Mensch-Gott-Beziehung prinzipiell zeitlos. Sie sind nicht nur seit Jahrtausenden bewährt, mehr noch – wahrscheinlich auch in Zukunft die einzige Chance der Menschheit, über die selbstgefährdenden Antriebe ihrer tierischen Verhaltensweisen hinauszuwachsen.

RESUMÉ EINER VERSÖHNUNG. Die Menschheit brauchte Darwin – oder wie es der Philosoph Schlegel schon vorher wusste: „Der Mensch ist Tier, doch indem er weiß, dass er Tier ist, ist er kein Tier mehr." Die Verhaltensprogramme, die uns die Natur mitgab zu durchschauen, ist ein Weg, uns zu befreien, über uns hinauszuwachsen. Und, so das legitime christliche Selbstverständnis, der Mensch braucht auch Jesus, gerade weil Homo sapiens als „triebbestimmtes Tier" ohne den göttlichen Funken der bedingungslosen Liebe nie die Höhen der Humanitas erklimmt.

Konrad Lorenz sah all dies auf seine Art: „Das lang gesuchte missing link, das fehlende Zwischenglied zwischen dem Tier und dem wahrhaft humanen Menschen, das sind – wir."

Jedes Zebra besitzt ein individuelles Muster seines Felles, wie jeder Mensch individuelle Fingerabdrücke aufweist. Über den Sinn dieses Musters gibt es viele Theorien: Von der Erkennbarkeit der Individuen untereinander bis zur Tarnung gegenüber Fressfeinden und der Tsetsefliege reichen die Annahmen. Eine gültige Erklärung wurde bis heute noch nicht gefunden.

GEBURT EINES WELTBILDES

Pribram Böhmen
Pribram Böhmen
Zuckmantel Schlesien
Goldenstein
Schemnitz Ungarn
Schemnitz Ungarn
Schemnitz Ungarn
Schemnitz
Gavorrano Toskana
Dognaczka Banat
Dognaczka Banat
Faczebáya Siebenbürgen
Faczebáya
Carrara Italien
Siebenbürgen
Rodna Siebenbürgen
Nagyág Siebenbürgen
Majdan
Jugoslawien
Poretta Italien
Brosso
Plauenscher Grund Sachsen

Mineralogie. Das Bild der Schöpfung: Gott hat alles geschaffen, ein- und für allemal und unveränderlich. Sowohl die belebte als auch die unbelebte Natur. Schon lange vor Darwin gab es Zweifler an diesem Bild einer ewig gleichen Welt.

DARWIN UND SEINE VORGÄNGER

Karl Edlinger, Kurator Abteilung Archiv und Wissenschaftsgeschichte

Charles Darwin war nicht der erste, der den stammesgeschichtlichen Wandel der Lebewesen für eine denkbare Möglichkeit hielt und ihn auch zu begründen versuchte. Er weist bereits in der Einleitung zu seinem 1859 erschienenen evolutionstheoretischen Hauptwerk „On the Origin of the Species…" auf eine ganze Reihe von Biologen und Theoretikern hin, die früher und in anderer Form, ebenfalls Theorien über die Entwicklung des Organischen vertraten. In einzelnen Traditionssträngen lässt sich Denken bis in die Antike zurückverfolgen. Es gibt, wie der britische Sinologe Joseph Needham herausgearbeitet hat, solche Ansätze bereits im 3. vorchristlichen Jahrhundert auch in China. Bei den klassischen Griechen war es vor allem Empedokles, der sich aufgrund von Fossilfunden Gedanken darüber machte, ob nicht die Lebewesen veränderbar seien und auch, ob jeweils eine Form aus einer anderen hervorgegangen sein könnte. Bei Platon finden wir Anklänge daran im berühmten Timaios - Dialog, die allerdings nicht unbedingt im Sinne einer Entwicklungslehre zu deuten sind. Wirklich tief greifende Gedanken machte man sich erst im 18. Jahrhundert, als sich das Wissen über die Natur und fremde Länder in Europa rapide vermehrte. Es gab damals zum Beispiel eine berühmte Auseinandersetzung über die Herkunft des Menschengeschlechtes, bei der zwei entgegengesetzte Positionen aufeinander trafen: Die Polygenisten und die Monogenisten.

WIE VIELE URSPRÜNGE HAT DER MENSCH? Die Polygenisten meinten, verschiedene Menschentypen und Menschenrassen hätten auch verschiedene Ursprünge. Die Monogenisten gingen von einem gemeinsamen Ursprung aller Menschen aus. Dieses Denken impliziert natürlich, dass Veränderungen stattgefunden haben müssen, weil ja, für die damalige Welt augenscheinlich, die Menschen schlicht und einfach verschieden aussahen, und wenn sie einen gemeinsamen Ursprung hätten, müsste sich wenigstens ein Teil dieser verschiedenen Menschentypen oder Menschenrassen verändert haben.

Interessant ist, dass auch der französische Universalnaturwissenschaftler Georges-Louis Buffon sich bereits um 1770 weitergehende Gedanken über die verschiedenen Lebensformen auf unterschiedlichen Kontinenten machte. Und er vertritt in seiner berühmten vielbändigen Naturgeschichte die Auffassung, dass die Umwelt in einer bestimmten Weise, die er nicht näher definiert, auf die Lebewesen einwirke und sich auch verändern kann. Ebenso vom Entwicklungsgedanken ging Immanuel Kant in einer Schrift aus, die weniger bekannt ist, als seine berühmten Kritiken, nämlich in der „Anthropologie". Darin vertritt auch Kant bereits Gedanken, die an spätere Entwicklungstheorien anklingen. Ein weiterer Theoretiker aus dem deutschen Sprachraum war Johann Gottfried Herder, der nicht nur die Kulturentwicklung analysierte, sondern auch den Wandel der Organismen, des Lebens, in ein allgemeines Entwicklungsdenken einbeziehen wollte.

FORSCHER IN ENGLAND UND FRANKREICH … In England forschte zu dieser Zeit bereits ein Darwin, aber nicht Charles Darwin, sondern sein Großvater Erasmus. Er war ein wissenschaftlicher Allrounder, vertrat bereits an der Wende vom 18. zum 19. Jahrhundert Gedanken, die die Entwicklung des Lebens aus ganz einfachen Ursprüngen nahe legen. Die Grundeinheit des Lebens waren für ihn die „Filamente". Man hat sich darunter fädige Strukturen vorzustellen. Das war natürlich rein fiktiv, Erasmus Darwin stützte sich auf keine empirischen Befunde, aber auch er analysierte bereits den Gebrauch verschiedener Organe und schloss auf notwendige Veränderungen. Charles Darwin war also nicht ganz unbeleckt, sondern hatte sogar in der eigenen Familie einen Vorläufer.

Ziemlich zeitgleich wirkten in Frankreich zwei große, aber konträr eingestellte Geister. Nämlich Georges Cuvier auf der einen Seite und Jean-Baptiste de Lamarck auf der anderen. Cuvier war sicher einer der genialsten Anatomen und Morphologen, die je gelebt haben. Er analysierte im Aristotelischen Sinn Lebewesen und stellte fest, dass diese aus einem äußerst komplexen Zusammenwirken unterschiedlicher Teile bestehen. Er verneinte jede Möglichkeit der Veränderung, weil er meinte, dass auch geringfügige Veränderungen in Organismen sofort eine Störung des Ganzen bewirken würden. Sein Gegenspieler war Jean-Baptiste Lamarck. Dieser war eigentlich der erste, der eine ausgefeilte Transformationstheorie vorstellte. Und zwar nahm Lamarck an, dass die Lebewesen aus einer Art innerem Antrieb, ständig, von Generation zu Generation, in Höherentwicklung begriffen seien. Aus einer Art „Urschleim" entstünden immer wieder neue einfache Lebewesen, die sich in parallel verlaufenden, aber zeitlich verschobenen Linien, zu komplexen Organismen entwickeln. Die Krone der Schöpfung war für ihn natürlich der Mensch. Während dieser Höherentwicklung käme es natürlich auch zu Umwelteinwirkungen und -anforderungen. Lebewesen müssten bestimmte Organe stärker gebrauchen, andere weniger. Durch Gebrauch oder Nichtgebrauch würden diese Organe dann entweder zurück- oder stärker ausgebildet. Das ist zwar eigentlich nur ein Nebenaspekt seiner Theorie, aber genau diesen Nebenaspekt verstehen wir heute unter dem Kürzel „Lamarckismus". Man muss aber ausdrücklich festhalten, dass dies nicht der Hauptinhalt von Lamarcks Lehre ist. Das Leben definiert er, gemäß dem naturwissenschaftlichen Kenntnisstand der damaligen Zeit, als angetrieben von „Fluida" und „Orgasmen", worunter eine Art Lebenstrieb verstanden wird. Es kam zu einer lang andauernden Auseinandersetzung zwischen Cuvier und Lamarck. Cuvier siegte und Lamarck starb als verbitterter, alter Mann. Allerdings wurde er durch einen anderen Franzosen gerechtfertigt, nämlich Étienne Geoffroy de Saint-Hilaire.

Er war der Entdecker der „Homologien". Er verglich Lebewesen miteinander, vor allem Wirbeltiere und bemerkte überraschende Übereinstimmungen zwischen ihnen, vor allem im Knochenbau, obwohl die Knochen, die einander bei unterschiedlichen Tieren entsprechen, meist unterschiedlich groß ausgebildet sind und unterschiedliche Formen haben. Er folgerte daraus, dass man auf einen gemeinsamen Ursprung schließen könne. Lamarck war durch diese Homologien, die ja das Entwicklungsdenken voraussetzen, rehabilitiert. Wir dürfen aber nicht vergessen, dass die Lehre von Lamarck, nach der durch Gebrauch und Nichtgebrauch von Organen Veränderungen eintreten, die auf die Nachkommen weitergegeben werden, nach heutigen Kenntnisstand schlicht falsch ist, obwohl sie von manchen Biologen wieder vorsichtig ins Spiel gebracht werden. Es gibt bestimmte Forschungen, die wieder in diese Richtung gehen, aber die Ergebnisse sind bisher sehr spärlich.

... IN DEUTSCHLAND UND ÖSTERREICH. Regen Anteil an diesem Akademiestreit nahm auch ein gewisser Johann Wolfgang von Goethe. Goethe stand mit seinen „Naturwissenschaftlichen Studien" ganz in der Tradition der romantischen Naturphilosophie, die aber ihrerseits wieder Entwicklungsdenken propagiert hat. Sie geht auf Friedrich Wilhelm Schelling zurück. Diesem folgte Lorenz Oken nach. Oken schuf eine Theorie, nach der sich der Wirbeltierschädel aus Wirbelknochen entwickelt habe. Man machte sich daher über die Sonderstellung des Menschen Gedanken. An Oken schloss dann Goethe gedanklich an, der sich unter anderem auch über den Zwischenkieferknochen des Menschen verbreitet. Dieser Knochen ist zwar beim Menschen nicht zu finden, wohl aber bei anderen Säugern. Die Plastizität und Wandlungsfähigkeit von Organismen kommt aber vor allem in Goethes Metamorphosen zum Tragen.

Das Evolutionsdenken stieß im deutschen Sprachraum auf starke Widerstände. Die meisten Morphologen und Anatomen wollten davon wenig wissen, obwohl einer der berühmtesten Morphologen, Heinrich Georg Bronn, Darwin als erster ins Deutsche übersetzte, dabei aber auf seiner anti-evolutionistischen Haltung beharrte.

In Wien finden wir wieder einen Vorreiter, nämlich Franz Joseph Unger, einen Botaniker, der bereits 1852 den Versuch machte, eine Entwicklungsgeschichte des Pflanzenreichs zu entwerfen. Unger unternahm auch chemische Experimente zur Ur-Zeugung und versuchte bereits zu dieser Zeit, primitives Leben herzustellen, was natürlich nicht gelang. Seine interessanten Arbeiten sind mittlerweile sehr gut dokumentiert.

ENGLAND, DAS ZENTRUM DES GESCHEHENS. In England gab es bereits vor Charles Darwin Ansätze zum Entwicklungsdenken, die über Großvater Erasmus hinausgingen. Zu nennen sind vor allem Richard Owen und als ganz berühmter Forscher, Edward Blyth. Blyth schrieb bereits in den 30er Jahren des 19. Jahrhundert, und zwar von 1834 bis 1836, mehrere Artikel, die im Magazine of Natural History in London erschienen und in denen er einige der wichtigsten Gedanken Darwins vorwegnahm. Das sind vor allem die Variation und die Selektion. Dann erschien 1844 ein berühmtes Buch von Robert Chambers. Er war Schotte und veröffentlichte sein Buch „Vestiges of the Natural History of Creation" anonym. In diesem umfangreichen Buch, das auch von geologischen

Komodowaran. Der Philosoph Anaximander von Milet (610-546 vor Christus) hatte bereits die Idee einer Evolution. Leben sollte aus der Feuchtigkeit entstehen: Durch Wärme entstanden Fische, aus diesen wurden Menschen und gingen an Land. Tiere als Vorfahren des Menschen!

Informationen sowie von Fossilienabbildungen strotzt, vertritt Chambers bereits den Gedanken einer allgemeinen, umfassenden Entwicklung. Dieses Buch schlug in England ein wie eine Bombe. Es wurde sogar im britischen Königshaus gelesen und sicher kannte es Darwin. Genauso wie er die Arbeiten von Blyth gekannt haben muss, da er mit diesem auch in persönlichem Kontakt stand. In den 1970er Jahren veröffentlichte der Amerikaner Eiseley das Buch: „Darwin and the mysterious Mr. X." - „Der Mann, der Darwin die Ideen gab". Darin vertritt Eiseley die Ansicht, dass Charles Darwin sich bei Blyth großzügig bedient habe, was heute nicht mehr beweisbar ist.

Wenn wir uns nun Darwin zuwenden, so fällt auf, dass er natürlich auf Vorläufer hinweist. Unter anderem auf einen deutschen Geologen namens Leopold von Buch. Dieser schrieb 1825 eine Monographie der Kanarischen Inseln. Ihm fiel auf, dass sich die Faunen und Floren der einzelnen Inseln geringfügig voneinander unterscheiden. Von Buch vertrat bereits damals die Ansicht, dass diese Verschiedenheit davon herrührt, dass immer wieder Teile der Populationen einer Art einer Insel auf eine andere verschlagen wurden und solche Teilpopulationen meistens in ihrer Merkmalsausprägung nicht dem Durchschnitt der Stammpopulation entsprechen würden. Das heißt, sie unterscheiden sich, wenn sie sich wieder vermehren, dann doch geringfügig von der ursprünglichen Population. Das entspricht in vieler Hinsicht dem Konzept der genetischen Drift, wie wir es heute kennen. Nun gibt es aber eine kleine Komplikation bei Darwin. Die gängige Lesart ist, Darwin hätte nach seiner Reise mit der Beagle und nach Übersiedlung nach Down House in seinem Landsitz still vor sich hin gearbeitet und an seiner Theorie gefeilt. Es entstanden von ihm in dieser Zeit mehrere, sehr bedeutende Werke, vor allem über Korallen, über Regenwürmer und über Rankenfußkrebse. Diese Arbeiten allein hätten ihm schon Weltruhm eingebracht. In Bezug auf seine Evolutionsvorstellungen wird heute vereinfacht publiziert, er hätte diese allmählich ausgearbeitet, aber mit der Veröffentlichung gezögert.

EIN SCHOCK FÜR DARWIN. Am 18. Juni 1858 erhielt Darwin einen Brief von der Insel Ternate in Indonesien. Dort war ein anderer britischer Forscher, Alfred Russel Wallace, sammelnd unterwegs und von Malaria befallen. Wallace verfasste zwischen zwei Malariaschüben ein zirka 20-seitiges Manuskript, indem er seine Vorstellungen zum Artenwandel darlegte. Darwin las dieses Manuskript, war angeblich entsetzt, weil er seine eigenen Gedanken darin wieder fand. Er wandte sich an seinen väterlichen Freund Charles Lyell, einen Geologen, der ursprünglich dem Evolutionsdenken eher ablehnend gegenüber stand, und fragte ihn, ob er nun Wallace das Primat dieser Idee überlassen sollte oder nicht. Lyell und Joseph Hooker, ein zweiter Freund Darwins, rieten ihm davon ab. Es wurde nun eine Sitzung der Linné - Gesellschaft in London anberaumt, in der Wallaces Manuskript verlesen werden sollte, und Darwin wurde aufgefordert, ebenfalls eine Kurzfassung seiner Theorie vorzulegen. Diese bestand aus einem Brief an den amerikanischen Botaniker Asa Gray, in dem in sechs Punkten seine Theorie kurz dargestellt wurde, sowie aus einem Auszug aus einem früher verfassten Manuskript. Es kam dann zu dieser denkwürdigen Sitzung, Darwin war nicht anwesend, Wallace, der in Südostasien war, wusste nicht einmal davon. Es wurden zuerst Darwins und schließlich

Wallaces Manuskripte verlesen. Darwins Primat wurde anerkannt, übrigens auch von Wallace, der sich bald wieder für andere Dinge zu interessieren begann. Man fragt sich natürlich, ob Darwin wirklich so überrascht sein konnte, denn Wallace hatte schon im Jahr 1855 einen Artikel veröffentlicht, in dem er ebenfalls den Artenwandel postulierte, und vor allem nachweisen wollte, dass Arten immer aus verwandten, ähnlichen Arten hervorgingen. Allerdings waren die Mechanismen, die dafür maßgeblich sein sollten, noch nicht beschrieben.

Dass gerade Charles Darwin im öffentlichen Bewusstsein hängen geblieben ist, kann auch so erklärt werden: Wallace hatte ein großes Problem. Er war im Gegensatz zu Charles Darwin kein so genannter Gentleman. Er sammelte Material für Museen und verkaufte es, um vom Erlös zu leben. Seine wissenschaftlichen Publikationen waren eher Nebenprodukte. Es ist natürlich erstaunlich, dass Wallace auf sein Primat von vornherein verzichtet hat. Was seine eigentlichen Motive waren, ist bis heute nicht ganz klar. Es ist anzunehmen, dass das aus einer gewissen Resignation heraus erfolgte. Blyth dürfte die Frage der Urheberschaft wahrscheinlich für wenig wichtig genommen haben. Er war ja nachweislich mit Darwin bekannt. In diesem Zusammenhang muss noch auf eine wichtige Person hingewiesen werden: Herbert Spencer. Spencer war Philosoph aber von ihm stammen einige wichtige Begriffe, die im heutigen Darwinismus unersetzbar sind: „Evolution" und „Survival of the fittest". Spencer hat bereits 1852, schon vor Darwin, über die Entwicklung der Lebewesen philosophiert.

WÄRE DIE GESCHICHTE ANDERS VERLAUFEN? Darwin hatte das Problem, keine genetischen Kenntnisse zu haben. Er wusste einfach nicht, wie Eigenschaften weiter vererbt werden. Das brachte ihn dazu, auf Lamarck zurückzugreifen. Schon in „Origin of Species….." klingt dies an und erst recht in Darwins Spätwerk über „Das Variieren der Pflanzen und Tiere im Zustande der künstlichen Domestikation". Er vertrat darin die „Keimchentheorie", in der er meinte, alle Organe würden ständig Keimchen über das Blut in Richtung der Fortpflanzungsorgane abgeben. Je mehr bestimmte Organe beansprucht würden, umso mehr Keimchen würden an die Fortpflanzungsorgane gelangen. Bei den Nachkommen würden dann diese Organe verstärkt ausgebildet sein. Was Darwin hier vertrat, war reiner Lamarckismus, was man in der heutigen Debatte sehr gern vergisst. Wallace lehnte diesen Gedanken strikt ab. 1891 veröffentlichte er einen Sammelband, der skurilerweise unter dem Titel „Der Darwinismus" erschien und in dem er sich von solchen Darwinschen Ausführungen noch einmal ausdrücklich distanzierte.

Und noch ein wichtiges, eher unbekanntes Detail zu Darwin, diesmal in Zusammenhang mit einem Forscher aus der k.u.k. Monarchie: In Brünn in Mähren veröffentlichte der Augustinerpater und Biologielehrer Gregor Mendel seine Versuche über die Züchtung von Pflanzenhybriden, mit denen er zum Begründer der Genetik wurde. Mendel schickte Darwin sein Manuskript. Darwin hätte es lesen können, er verstand Deutsch. Aber leider wurde es im Nachlass Darwins unaufgeschnitten vorgefunden. Wir können heute darüber spekulieren, wie anders die Geschichte wohl verlaufen wäre, wenn Darwin es gelesen hätte.

Hundskopfboa. 1809: Jean-Baptist Lamarck entwickelt eine sehr konkrete Vorstellung zur Veränderung der Arten: Organismen entstehen durch Urzeugung und entwickeln sich in Anpassung an ihre Umwelt weiter. Veränderungen entstehen durch den Gebrauch oder Nicht-Gebrauch von Organen.

DIE BEDEUTSAMSTE IDEE DER BIOLOGIE?

CHARLES DARWIN: VOR 200 JAHREN WURDE ER GEBOREN, VOR 150 JAHREN SCHRIEB ER DAS BUCH, DAS WISSENSCHAFT UND WELTVERSTÄNDNIS VERÄNDERTE – „DIE ENTSTEHUNG DER ARTEN".

- Darwin erkannte: Es gibt keine ewig gleiche Welt des Lebendigen. Alles Leben ist im Fluss und entwickelt sich in dauernden Wechselwirkungen. Arten sind miteinander verwandt, sie entstehen, verändern sich und vergehen. Das ist es, was wir Evolution nennen.
- Die Vielfalt des Lebens war vor Darwin wissenschaftlich nicht erklärbar. Darwin fand die Lösung. Sie ist glaubhaft – und in ihren Grundzügen überraschend leicht verständlich. Seither gilt er als einer der größten Biologen.
- Dass sich Lebensformen im Laufe vieler Generationen verändern, war schon vor Darwin bekannt. Darwin aber fand heraus, welche Mechanismen dabei wirken. Er fügte Tatsachen wie die übermäßige Produktion von Nachkommenschaft, die Variabilität innerhalb der Arten und den Faktor Selektion zu einem Ganzen zusammen.
- Dennoch, das Faktum „Evolution" wird heute wieder leidenschaftlich geleugnet – und auch verteidigt. Darwin ist in aller Munde.

Charles Darwin: „I think" – „Ich glaube", schreibt er 1837 in sein Notizbuch und kritzelt darunter den ersten Entwurf eines Stammbaums. Das Leben – ein Baum. Gemeinsame Verwandtschaft allen Lebens, eine revolutionäre Idee!

Die Beagle, ein Schiff der „Sargklasse", wie die Besatzung sagt. Von 1831 – 1836 ist Darwin mit dem für Vermessungsaufgaben umgebauten Kriegsschiff unterwegs. „Ich habe gerade Platz, mich umzudrehen", schreibt Darwin. Und leidet ständig an Seekrankheit.

WER, BITTE, IST CHARLES DARWIN?

Ernst Mikschi, Direktor der 1. Zoologischen Abteilung

Darwin und die Evolution: Zusammengenommen ein Thema, an dem ein Haus wie das Naturhistorische Museum in Wien, das einen Bildungs- und Forschungsauftrag hat, nicht wirklich vorbei kommt. Also wurde gut zwei Jahre vor dem „Darwinjahr 2009" der Entschluss gefasst, anlässlich der 200. Wiederkehr des Geburtstags von Charles Darwin und zum 150jährigen Jubiläum des Erscheinens seines Werks über die der Entstehung der Arten „Etwas" zu tun. Nahe liegenderweise ist dieses „Etwas" im Falle eines Museums eine Sonderausstellung. Ein Buch zur Ausstellung, aber auch über Darwin und unser Haus, kamen hinzu. Pläne für Vortragsreihen und Begleitevents rundeten das Vorhaben ab.

Mit Jahreswechsel 2008/2009 hatten alle an diesem Projekt beteiligten Personen ein großes Aha-Erlebnis: Praktisch mit dem Verklingen des letzten Schlages der Pummerin setzte eine Medienwalze ein, in einer Größenordnung, die wir nicht für möglich gehalten hätten. Schon gar nicht zu einem naturwissenschaftlichen Thema wie der Evolution. Und bemerkenswerterweise war das Niveau der Beiträge in Printmedien, Radio, Fernsehen und Internet erstaunlich hoch. Charles Darwin, die Evolutionstheorie und Aspekte der Wissenschaftsgeschichte wurden auf breiter Front abgehandelt und präsentiert. Für medial nicht eben verwöhnte Naturwissenschaftler war die Erfahrung, eines ihrer Themen so ausführlich behandelt zu sehen, zusätzliche Motivation. Entsprechend unseres Auftrags hat die Vermittlung des Kerninhalts „Evolution", des „Wie geht das", natürlich Vorrang. Aber die Person Charles Darwin, die hinter dem steht, was heute gemeinhin als Evolutionstheorie verstanden wird, ist derart außergewöhnlich, dass wir uns bei der Konzeption unseres Projekts mit diesem Mann auseinandersetzen mussten. Aus heutiger Sicht fasziniert natürlich, dass Charles Darwin als „Jungspund" mit 22 Jahren die Gelegenheit erhielt, eine fünfjährige Reise ins weithin Unbekannte mitzumachen, lediglich mit der Verpflichtung, den Kapitän des Schiffs mit geistvollen Gesprächen zu unterhalten – und natürlich naturwissenschaftliche Studien zu treiben. Eine Reise, wie sie heute gar nicht mehr möglich ist, und die man sich heute nicht mehr vorstellen kann. Zwar kann man die Reiseroute abfahren, aber für viele der am Projekt beteiligten Kolleginnen und Kollegen, die aus der Interrail-Generation stammen, war es schon beeindruckend, mit 18

Jahren nach Kopenhagen, Lissabon oder Paris zu kommen. Heute, im Zeitalter der schnellen Fernreisen und der Couchpotatoes, die jede Reise medial unternehmen können, ist es sicher nicht mehr nachvollziehbar, mit welcher Wucht eine Flut von Eindrücken auf den jungen Charles niedergeprasselt sein muss.

FÜNF JAHRE ÜBELKEIT! Wie können wir den jungen Weltreisenden grundsätzlich charakterisieren, abgesehen von den vielen Eigenschaften, die ihm noch im Laufe der Beiträge in diesem Buch zugeschrieben werden? Dass Charles Darwin sicher ein sehr kluger Mensch war, steht wohl außer Frage. Auch Neugier hat ihn zweifellos ausgezeichnet, und dass er auch sehr hartnäckig gewesen sein muss, steht fest, sonst hätte er diese Reise rund um die Welt sicher nach wenigen Wochen abgebrochen. Nur jemand, der einmal wirklich seekrank war, kann nachvollziehen, was Darwin, dem am Schiff durchgehend schwerst übel war, gelitten haben muss. Zu seinem Glück sind Vermessungsarbeiten, mit denen die Besatzung der „Beagle" beauftragt war, sehr zeitaufwändig, und so konnte Darwin ausgedehnte Landausflüge unternehmen, die er dazu nützte, um zu sammeln, zu lernen, neue, faszinierende Eindrücke zu gewinnen – und sich weit weg von diesem furchtbaren Schiff zu erholen.

Dass er nach diesen fünf Jahren nicht mit einer fertigen Theorie nach Hause kam, ist nahe liegend, er hatte keine Antworten, aber er hatte unzählige Fragezeichen. Sehr bald nach seiner Rückkehr verdichteten sich erste Überlegungen zu einer recht konkreten Vorstellung, wie die Veränderung von Arten vonstatten gehen könnte. Rund ein Jahr nach seiner Rückkehr vermerkt er in seinem Notizbuch „I think" und kritzelt einen Stammbaum auf das Blatt, den ersten in der Geschichte der Biologie. Publizistisch ist Charles in den folgenden Jahren sehr produktiv: Er schreibt über geologische Fragen, über Korallenriffe, Rankenfußkrebse und veröffentlicht einen umfangreichen Bericht über seine Fahrt mit der Beagle. Er erwirbt hohe Anerkennung in der wissenschaftlichen Welt und ist eine bekannte Größe der Gesellschaft. Er heiratet und übersiedelt aus dem hektischen London ins nahe gelegene Downhouse, ruhig und abgeschieden, aber doch in Reichweite der Metropole. Immer mehr Kinder sorgen für Stimmung im Hause Darwin, Charles ist ein ausgesprochener Familienmensch.

WARUM SO ZÖGERLICH? Was ihm aber aus heutiger Sicht von einigen zum Vorwurf gemacht wird, ja, was ihm in der Tat fast zum Verhängnis wurde, ist die Tatsache, dass er das Allerwichtigste, seine Vorstellungen zur Veränderung der Arten, nicht veröffentlicht. Nun, entsprechenden Vorwürfen kann man mit einem sehr schönen, österreichischen Sprichwort begegnen: „Mit voller Hose ist gut stinken". Mit unserem Wissen und mit unserer Erkenntnissicherheit, ist es leicht, klüger zu sein. Aber betrachtet man seine Situation aus damaliger Sicht, ist festzuhalten: Charles Darwin war schon durch seine Korrespondenz während der Beagle-Reise aufgefallen. Er war nach seiner Rückkehr bald ein etablierter, angesehener Wissenschaftler. Er hatte geheiratet, das Ehepaar Darwin hatte seine ersten Kinder, man war sozial etabliert. Charles Darwin war ohne Frage klar, wie weit reichend seine Vorstellungen zu den Mechanismen der Evolution waren, vor

a, b, c var. communis

George Sowerby

BALANUS TINTINNABULUM.

allem welche Konsequenzen sie haben würden. Er suchte über Jahre Mitstreiter für seine Vorstellungen, Vertraute, mit denen er über seine Ideen diskutieren konnte. Er fand lange niemanden. Mit seiner geliebten Frau, die ihm immer und in allem zur Seite stand, konnte er „darüber" nicht reden. Emma war ebenso klug wie strenggläubig, sie verstand sehr gut, worauf ihr Mann hinauswollte. Und betete darum, dass er auf den rechten Weg zurückfinden möge. Charles aber sammelte verbissen Belege, wertete aus, studierte, er wollte ganz sicher sein. Andere waren schon für weit weniger spektakuläre Vorstellungen als den seinen in der Luft zerrissen worden.

Ist es wirklich überraschend, dass sich ein Mann in der Situation und Position Darwins sicher sein will, bevor er einen zu erwartenden öffentlichen Aufschrei provoziert? Schon innerhalb der wissenschaftlichen Gemeinde erwartete er heftige Diskussionen. Aber was er gefunden hatte, musste die Zerstörung eines Weltbildes zur Folge haben. Mehr noch, die Sonderstellung des Menschen als Ebenbild Gottes und Höhepunkt der Schöpfung würde zwangsläufig fallen. Gegen die Schöpfungslehre aufzutreten hieß, sich mit der anglikanischen Kirche anzulegen. Oberhaupt dieser Staatskirche ist bis heute der Monarch von England. Erstklassige Rahmenbedingungen, oder?

EIN GENTLEMEN`S AGREEMENT. Als dann ein weitgehend unbekannter Naturforscher in Indonesien, Alfred Russel Wallace, weit weg von Royal Society und Co., ein Manuskript verfasste, dass vieles von Charles' Ideen beinhaltete, und an Darwin schickte, brannte der Hut. Jetzt drängten Freunde auf die Fertigstellung der Arbeit über die Veränderung der Arten. Die Lösung der entstandenen Konkurrenzsituation um die Priorität in Sachen Evolutionsmechanismen war außergewöhnlich. Das Manuskript von Wallace und Arbeiten Darwins wurden gemeinsam in einer Sitzung der Linnaean Society vorgestellt. Darwin war nicht anwesend, Wallace wusste wohl gar nichts von der Veranstaltung. Nach der wenig beachteten Veranstaltung wurde Darwins Vorrang anerkannt. Wallace hat dagegen nie Einspruch erhoben. Ein Gentlemen`s Agreement, das in der heutigen Wissenschaft nachweislich nicht üblich ist. Darwin und Wallace haben, wie man weiß, über längere Zeit korrespondiert, das heißt, sie haben sich wechselseitig ihre Vorstellungen mitgeteilt.

Was wäre gewesen wenn? Wenn Wallace publiziert hätte? Reine Spekulation, aber es ist unwahrscheinlich, dass Wallace ein vergleichbares Echo hervorgerufen hätte. Nicht nur, weil er aufgrund mangelnder Belege für seine Aussagen ungleich angreifbarer war als Darwin, sondern einfach weil er von seiner sozialen Stellung her als Leitfigur nicht in Frage kam. Er stammte aus einer Hugenottenfamilie, wuchs in ärmlichen Verhältnissen auf und musste arbeiten, um zu überleben: eindeutig lower class. Unfair? Heute ja, aber wir sind im viktorianischen England.

Als 1859 „On the Origin of Species" endlich erschien, war der Widerspruch in der wissenschaftlichen Welt erstaunlich gering. Der angesehene Wissenschaftler Darwin hatte bei vielen Kollegen offene Türen eingerannt. Die Reaktion der Kirche kam wie vorhergesehen: polemisch und wütend. Die Gesellschaft bekam den Skandal, den Darwin erwartet hatte. Legendär das Streitgespräch zwischen Bischof Wilberforce und Thomas Huxley, der seines vehementen Eintretens für die Ideen Charles Darwins auch als „Darwins Bulldogge" bezeichnet wurde.

Der studierte Theologe Darwin lernt Biologie im Selbststudium. Von frühester Kindheit an, akribisch, mir scharfem Blick für Details, taucht er in die faszinierende Welt des Lebendigen ein. Lange Jahre sind Rankenfußkrebse seine zentralen Studienobjekte.

HAT ER ABGESCHRIEBEN? Die Frage, ob Darwin irgendetwas abgeschrieben hat oder nicht, mag für manche Historiker spannend sein, die große Mehrzahl der Fachleute sagt: Nein. Für die breite Öffentlichkeit ist sie sicher belanglos. Darwin ist die Figur, an der sich der Evolutionsgedanke festmacht. Dieser Gedanke ist natürlich nicht vom Himmel gefallen. Darwin hatte eine Fülle von Vorgängern, wie jeder große Wissenschaftler. Er hat von seinen Kontakten zu vielen Kollegen sicher enorm profitiert, er hat die Nähe von Spezialisten auf unzähligen Gebieten gesucht, um zu lernen und sich auszutauschen. Darwin ist das Sprungbrett, mit dem eine Idee, deren Ursprung weit in der Wissenschaftsgeschichte wurzelt, schlagartig breite Akzeptanz finden konnte. Er hat einen Erdrutsch ausgelöst – mit einer noch dazu genial einfachen Idee!

Auch die negativen Begleiterscheinungen, die durch oft ideologisch motivierte Fehlinterpretationen seiner Theorie entstanden sind, dieses Un-Glatte an seiner Figur, an dem sich manche bis heute reiben, prädestinieren Darwin als Thema eines Jubiläumsjahres. Für Naturwissenschaftler ist natürlich weniger sein runder Geburtstag, als das Jubiläum des Erscheinens seines Werkes „On the origin of Species" von Belang.

DARWINS PALAST. So gut wie alle Exponate unserer Ausstellung stammen aus eigenen Beständen, einige davon sind auch schon seit langem zugänglich. Ganz wie auch Darwin feststellen konnte, dass Belege für seine Theorie sozusagen auf der Straße liegen. Man muss sie nur aufheben. Es ist das Schöne an diesem Projekt, dass wir das Thema Evolution „aus dem Stand" bespielen können. Wir schöpfen aus einem Fundus von 20 Millionen Objekten! Und jedes dieser Objekte taugt als Beispiel für die Evolution. Was uns fehlt, aber nicht abgeht, sind natürlich Devotionalien zur Person Charles Darwin. Charles hat nach seiner Weltreise England nicht mehr verlassen, war daher auch nie in Wien, um Spuren in Form von Gedenktafeln an irgendwelchen Wohnhäusern oder benutzten Kaffeetassen zu hinterlassen. Aber der große Biologe hätte auch wenig Freude, wenn sein Schaukelstuhl oder sein Tintenfass ausgestellt wäre. Installationen zur Selektion, zur Variation, zur Überproduktion oder ganz besonders zu Aspekten, die er noch nicht kennen konnte, zu Weiterentwicklungen seiner Theorie, würden ihn mit Sicherheit mehr interessieren.

THEORIE ODER GESETZ? Eine am Beginn des Darwinjahres von der Österreichischen Akademie der Wissenschaften veröffentlichte Umfrage hat ein ebenso überraschendes wie positives Ergebnis gebracht: Über 80 Prozent der befragten Österreicher konnten mit der Person Darwin und mit der Evolutionstheorie etwas Wichtiges verbinden. Dabei macht in der allgemeinen Diskussion der Begriff „Theorie" gelegentlich Probleme. Umgangssprachlich steht „theoretisch" für unsicher, vage, nicht bewiesen. Naturwissenschaftlich bedeutet Theorie jedoch eine Annahme, die nicht widerlegt werden konnte. Trotz geeigneter Versuche, versteht sich. Solange Versuche der Widerlegung fehlschlagen, lebt die Theorie, wird sie widerlegt, ist sie Geschichte. Besonders lange bestehende Theorien werden unter gewissen Voraussetzungen zum Gesetz geadelt. Was an der Sache nichts ändert, auch naturwissenschaftliche Gesetze stehen auf dem Prüfstand der Widerlegung und können fallen. Würden ab morgen Äpfel nicht mehr zu Boden fallen sondern in den

Himmel aufsteigen, hätten die Gravitationsgesetze ein Problem. Im Rahmen der Wissensvermittlung wäre es wesentlich einfacher, von den Gesetzmäßigkeiten der Evolution zu sprechen.

DIE EVOLUTION HAT KEIN ZIEL. Ein Jubiläumsjahr sollte längerfristige Folgewirkung haben. Unseren Beitrag dazu sehen wir unter anderem in einem Angebot an Schulen, wo das Thema im Lehrplan natürlich nur in sehr überschaubarem Rahmen behandelt werden kann. Hier bieten wir die Möglichkeit, Inhalte in einer sehr kompakten Form darzustellen. Worum es letztlich geht, ist eine weitere Verbesserung des Wissensstandes über die Evolution und des Verständnisses von Zusammenhängen. Wir müssen zur Kenntnis nehmen, dass der Mensch nicht die Krone der Schöpfung ist, dass wir nicht das Ziel sind, auf das die Evolution zwangsläufig hinausläuft. Auf wienerisch gesagt: Es sind auch schon Hausmeister ausgestorben. Wir arbeiten derzeit eifrig daran, das Aussterben von Arten und unser eigenes Aussterben zu beschleunigen. Dabei hat der Mensch es als erste Art der Evolutionsgeschichte in der Hand, ihr Schicksal zu beeinflussen. Die Evolutionsgeschichte lehrt uns: Wenn wir es vermasseln, wird kein Held auftauchen, der uns heroisch aus dem Schlamassel herausführt. Solche Helden sind in der Evolution nicht vorgesehen. Wir wollen mit unserer Ausstellung auch einen Denkanstoß in diese Richtung geben.

Es geht uns nicht um ein vordergründiges Bejubeln Charles Darwins. Viele Publikationen haben sich im Darwinjahr 2009 mit ihm und seiner Biographie beschäftigt. Den Biologen fasziniert Darwin natürlich als akribisch arbeitender Naturwissenschaftler, sein Sinn für Details, mit dem er sich nicht eben einfachen Tiergruppen zuwandte, muss fantastisch gewesen sein. Wie auch seine Fähigkeit, das große Ganze immer im Auge zu behalten. Seine Publikationen abseits der Frage nach dem Entstehen der Arten hätten spielend gereicht, um ihm einen Ehrenplatz in der Geschichte unserer Wissenschaft einzuräumen.

Unser zentrales Anliegen ist die Vermittlung von Erfahrungen und Aha-Erlebnissen im Zusammenhang mit Darwins Theorie und der Evolution. Wir wollen unseren Besuchern die grundlegenden Regeln der Evolution nahe bringen, die in ihren großen Linien verblüffend einfach sind – und im Detail aberwitzig kompliziert. Was das Verstehen von Evolutionsmechanismen oft schwierig macht, ist eine Art Vexierbild-Effekt. Die Tatsache, dass die Selektion zwar nicht ausreichend Angepasste aussortiert, aber alle anderen „übrig lässt", egal ob diese die Prüfung mit „noch genügend" oder „sehr gut" bestehen, ist einfach zu verstehen. Und doch springt unsere Vorstellung bei jeder Gelegenheit wieder auf das irrige „Überleben des Stärksten" um. Beim „Kampf ums Dasein" steigen umgehend Bilder von um ihr Leben rennenden Beutetieren oder aufs Blut streitenden Rivalen auf. Dabei wird dieser Kampf, der keiner ist, auf anderer Ebene geführt: Etwas weniger Wasser durch Verdunstung zu verlieren als der Nebenbuhler auf der Düne vis-a-vis, auch die harten Samen knacken zu können, anders als ein Konkurrent, die Luft ein klein wenig länger anhalten zu können: Darum geht es. Sowohl in unserer Ausstellung, als auch in dem Buch, das Sie in Händen halten. Und wenn es uns gelingt, diese Botschaft zu vermitteln, dann haben wir unser Geschäft richtig gemacht.

DAS WELTBILD DER SCHÖPFUNGSLEHRE.

GOTT HAT ALLES GESCHAFFEN, EIN- UND FÜR ALLEMAL UND UNVERÄNDERLICH. SO STEHT ES IN DER BIBEL. SCHON LANGE VOR DARWIN GAB ES ZWEIFLER AN DIESEM BILD DER SCHÖPFUNG EINER EWIG GLEICHEN WELT. MANCHE BEZAHLTEN TEUER FÜR IHRE ÜBERZEUGUNG.

- Ab dem Mittelalter entwickelte sich die katholische Kirche in Europa zu einer realen weltlichen und politischen Macht. Eine Macht, die sich zu wehren wusste: mit Kreuzzügen gegen das Vordringen des Islam nach Europa, mit der Inquisition gegen jede auch noch so geringe Abweichung von der vorgegebenen Glaubensrichtung – natürlich inklusive der Schöpfungsidee. Verbrennen, Verbieten, Ächten waren die Methoden, mit denen man kritischen Geistern begegnete.
- Aufklärung und französische Revolution veränderten die geistige Situation in Europa entscheidend. Das Bild der Schöpfung wurde zwar hinhaltend verteidigt, beharrliches Ignorieren naturwissenschaftlicher Erkenntnisse konnte die zunehmende Verweltlichung aber nicht verhindern.
- Dabei hatten schon antike Philosophen bemerkenswerte Ideen zur Entstehung der Vielfalt des Lebens entwickelt. Und zahlreiche Gelehrte beschäftigten sich mit dem Thema, vor allem ab dem 18. Jahrhundert. 1809 erstellte der Franzose Jean-Baptist Lamarck die erste durchdachte Evolutionstheorie.
- Ab 1831 sammelt Darwin Belege für seine späteren Überlegungen zur Entstehung der Arten. Sehr schnell reift in ihm die Theorie, aber erst 1859 wagt er sich an die Öffentlichkeit. Denn die Kirchen waren immer noch mächtig – und der Konflikt war vorhersehbar.

Fossiles Palmenblatt: Nur unter besonderen Bedingungen, wie die Einbettung unter Luftabschluss in Schlamm, Bitumen oder Salz können Fossilien entstehen. Wichtig ist die Verhinderung der Fäulnis nach dem Tod des Lebewesens. Fossilien sind versteinerte Zeugnisse des Lebens in früheren Erdepochen und Bestätigung für die Richtigkeit der Evolutionslehre.

Euchroma gigantea
Trop. Südamerika
Steraspis squamosa
N-Afrika bis Syrien
Psiloptera principalis
Trop. Amerika
Psiloptera attenuata
Brasilien
Psiloptera cupricollis
Trop. Afrika
Megaloxantha bicolor
SO-Asien
Catoxantha opulenta
SO-Asien
Demochroa gratiosa
Indien
Chrysochroa saundersii
SO-Asien
Chrysochroa purpuriventris
SO-Asien
Chrysochroa fulgidissima
Japan, Taiwan
Chalcophora japonica
China, Japan
Chalcotaenia australasiae
Australien
Chrysodema smaragdula
Indonesien, Melanesien

DAS LEBEN DES FLIEGENFÄNGERS.

ERST JUGENDLICHER KÄFERSAMMLER, DANN STUDIENABBRECHER, BEINAHE DORFPFARRER, DANACH WELTUMSEGLER. SCHLIESSLICH OFT KRÄNKELNDER EHEMANN UND IMMER: WISSENSCHAFTLER. ZULETZT EINE LEGENDE.

- Weil er kein Blut sehen kann, hängt Darwin sein Medizinstudium an den Nagel. Mit überschaubarer Begeisterung studiert er Theologie. Und die Biologie? Selbststudium – und Bestimmung!
- Glücksfall 1831: Als Begleiter des Kapitäns auf Weltumsegelung – das Ereignis seines Lebens. „Fliegenfänger" nannte ihn die Mannschaft. Danach lebenslanges Forschen und Nachdenken: die Evolution lässt ihn nie mehr los!
- Glücksfall 1839: Charles heiratet Emma Wedgwood, die Keramikfabrikantentochter. Sie bringt noch mehr Geld, Beständigkeit, Liebe und 10 Kinder in Darwins Leben. Und familiäre Probleme, denn sie ist sehr religiös und betet, dass ihr Mann von seinen Ideen Abstand nehmen möge.
- Glücksfall 1859: „Von der Entstehung der Arten" erscheint. Wissenschaft und Kirche reagieren gespalten. In der Wissenschaft wird sich die Theorie Darwins bald durchsetzen. Die anglikanische Kirche entschuldigt sich 2008 posthum bei Darwin. Nach fast 150 Jahren.
- Geologie, Rankenfußkrebse, Kletterpflanzen, Tier- und Pflanzenzucht, Abstammung des Menschen, Verhaltensforschung, fleischfressende Pflanzen und Regenwürmer – Darwins Pionierleistungen für die Forschung gehen weit über die Evolutionstheorie hinaus.

Die Vielfalt von Insekten fasziniert Naturbegeisterte und Wissenschaftler. Wie zu Zeiten Darwins kehren Forscher auch heute noch mit vielen neuen Arten von ihren Expeditionen zurück. Und wie damals ist nicht das Finden und Sammeln, sondern das Erkennen und Beschreiben der Flaschenhals der Erfassung der Artenvielfalt.

ATLANTISCH
OZEAN
13 17. 8. 1836
der Weg na
solchen Tr
um das lästige Elen
Gesundheit und Ko
PAZIFISCHER
OZEAN
7 *Nichts könnte weniger einladend sein als der erste Anschein. Höchst widerliche, tollpatschige Echsen. Die schwarzen Felsen, aufgeheizt durch die Strahlen der senkrecht stehenden Sonne, lassen die Luft stickig & drückend wirken. Auch die Pflanzen riechen unangenehm. Das Land glich dem, wie wir uns die kultivierten Regionen der Hölle vorstellen könnten. Diese Inseln scheinen Paradiese für die gesamte Reptilienfamilie zu sein.*
Galápagos
15. 9. 1835
8 Über die Einwohner: *In nichts war ich so zufrieden wie mit den Einwohnern. – Es ist eine Milde im Ausdruck ihrer Gesichter, die sofort die Idee eines Wilden vergessen lässt, und eine Intelligenz, die zeigt, sie machen Fortschritte in der Zivilisation.*
Tahiti
16. 11. 1835
Callao
19. 7. 1835
6 Conception, Februar 1835
Über das Erdbeben:
Es ist wirklich höchst wunderbar, Zeuge einer derartigen Zerstörung, in drei Minuten entstanden, zu werden.
Valparaíso
23. 7. 1835
Montev
26. 7. 1
Chiloé
12. 6. 1834
I hate the Sea
Folgen Sie der Reiseroute Darwins
von 1 bis 14
5 Über die Feuerländer: *Elende, entartete Wilde. Ich hätte nicht geglaubt, wie weit der Unterschied war zwischen dem wilden und dem zivilisierten Menschen.*
Falkland
11. 3.

GALAPAGOS: EXERZIERPLATZ DER EVOLUTION.

DARWINFINKEN, RIESENSCHILDKRÖTEN, MEERECHSEN: WAS IMMER AUF DEN GALAPAGOSINSELN „KREUCHT UND FLEUCHT" GILT ALS PARADEBEISPIEL FÜR DAS WIRKEN DER EVOLUTION. ZU RECHT?

- Eine rührende Vorstellung: Darwin sprintet ‚seinen' Finken hinterher, es durchfährt ihn ein Blitz der Erkenntnis: Jede Insel hat eigene Arten – alle stammen von einer einzigen Festlandart ab! Galapagos: die Wiege der Evolutionstheorie!
- Rührend, aber falsch. Darwin sammelt zwar seine „Finken" (die eigentlich Ammern sind), verglichen mit anderen Inselbewohnern sind die Vögel für ihn aber eher fade, er beachtet sie kaum und wirft sie ohne Rücksicht auf ihre Fundorte zusammen. Von Evolutionstheorie keine Spur!
- Erst nach seiner Rückkehr sollte Darwin durch die Bestimmungen des Spezialisten John Gould erfahren, welche Fülle von Arten er da gesammelt hatte. Und er wird sich darüber ärgern, dass er den Exemplaren keine Fundorte mehr zuordnen kann. Denn jetzt beginnt er, die Veränderung der Arten zu begreifen.
- Dennoch: Besser späte Erkenntnis als gar keine! Als wichtiges Beispiel für die Wege des Artenwandels mussten dann eben Zuchttauben herhalten.

Galapagos Schildkröte. Opuntien genannte Kakteen der Inseln zählen zu ihrer bevorzugten Nahrung. Einige Kakteenarten entziehen sich den gierigen Reptilien und wachsen immer höher. Und manche Schildkrötenarten reagieren darauf mit einem Umbau des Panzers, um den Hals höher recken zu können. Wettrüsten!

DARWIN, DER ZOOLOGE

Verena Stagl, Kuratorin der Myriapoda-Sammlung

Groß ist das Ansehen, unbestritten die Bedeutung, die heute Charles Darwin, 200 Jahre nach seiner Geburt genießt, ist es doch ihm, dem Begründer der Evolutionstheorie, als erstem gelungen in seinem 1859 erschienenen Buch „On the Origin of Species", die Evolution als Folge natürlicher Selektion zu erklären. Unterschätzt wird aber wie außergewöhnlich vielseitig Darwin war, der in Geologie, Botanik und Zoologie wegweisende wissenschaftliche Arbeiten verfasst hatte, ohne je ein Studium in diesen Fächern abgeschlossen zu haben. Hier soll die Bedeutung Darwins speziell für die Zoologie beleuchtet werden.

DER WEG ZUM ZOOLOGEN. Schon als Kind fiel Darwins großes Interesse für die Naturwissenschaften auf. Er legte Sammlungen verschiedener Naturobjekte an, vor allem von Insekten. Im Herbst 1825, mit 16 Jahren, begann Darwin in Edinburgh Medizin zu studieren, ohne Enthusiasmus und Begeisterung. Sektionen waren ihm ein Gräuel, Operationen ohne Narkose stießen ihn ab. Seinen wahren Interessen folgend lernte er in Edinburgh den Zoologen und Spezialisten für Schwammtiere Robert Edmond Grant kennen, der ihn in die Zoologie wirbelloser Meerestiere einführte. Mit ihm unternahm er Exkursionen an die nahe Nordsee. Darwins besonderes Interesse galt den Moostierchen (*Bryozoen*). Diese niederen, wirbellosen Tiere, sie sind Meeres- oder Süßwasser-Bewohner, werden von Laien oft für Pflanzen gehalten. Sie bilden Stöcke in vielerlei Wuchsformen, wobei es sich um Kolonien aus unzähligen, winzigen Einzelindividuen handelt, die eine gallertige oder kalkige Schale haben. Innerhalb der Kolonie kommt es zur Arbeitsteilung, eine Spezialisation: Manche Individuen sind für den Nahrungserwerb zuständig, andere dienen der Verankerung. Moostierchen können sich ungeschlechtlich durch Knospung oder aber auch geschlechtlich vermehren. Darwin untersuchte die Larven eingehend, fand dass sie Geißeln haben und freischwimmen können. Es war eine große Ehre für ihn als er am 27. März 1827 in der so genannten „Plinian Society", einem erlesenen Kreis naturwissenschaftlich Interessierter, seine Entdeckung präsentieren konnte, es war sein erster öffentlicher Auftritt.

Darwin brach sein Medizinstudium endgültig ab und übersiedelte auf Anraten seines Vaters nach Cambridge, um dort Theologie zu studieren. Seine große Leidenschaft galt nicht seinem

Studium, das er 1831 beenden konnte, sondern der Insektenkunde, in die er durch seinen Cousin, den Zoologen William Darwin Fox, eingeführt worden war. Er sammelte mit großem Eifer Insekten, vor allem Laufkäfer, bestimmte die Stücke seiner Sammlung und konnte eine in England äußerst seltene Käferart erstmals für Cambridge nachweisen.

Bald wurde Darwin in den Kreis um den Botanikprofessor John Stevens Henslow eingeführt, ein Sammelpunkt junger, aufstrebender Naturforscher. Infolge beschäftigte er sich eingehend mit Geologie, besuchte Vorlesungen bei dem bekannten Geologen Adam Sedgwick und unternahm mit ihm auch eine Exkursion nach Nordwales. Henslow war es, an den die Admiralität herangetreten war, als ein jungen Mann gesucht wurde, der Captain Robert FitzRoy als Gesellschafter, als gebildeter Mensch, eher zum Zeitvertreib, weniger als Naturforscher, auf der fünfjährigen Beagle-Expedition begleiten sollte. Henslow schlug Darwin vor und setzte sich vehement für ihn ein, und Darwin war fasziniert. Der Gedanke weg und in ferne Länder zu kommen und die Tiere, die Pflanzen und die Geologie vor Ort studieren zu können, entfachte in ihm große Begeisterung. Er überwand alle Schwierigkeiten, die sich ihm in den Weg stellten, schiffte sich auf der Beagle ein, die Ende Dezember 1831 zu einer Vermessungsreise nach Südamerika auslief.

MR. ARTHROBALANUS. Während der langwierigen Vermessung der Küstenlinien von Patagonien und Feuerland hatte Darwin Zeit für eine Reihe von ausgedehnten Landexpeditionen. Dabei sammelte er, neben den überwältigenden Eindrücken in völlig unbekannten Regionen, auch die botanischen, zoologischen und geologischen Objekte, die später erst intensiv erforscht werden sollten. Im Jänner 1835 fand er an der Südküste Chiles, im Bereich des Chonos-Archipels, eine Muschel, eigentlich nur eine Muschelschale, die an Land geschwemmt worden war. Sie war ihm sofort ins Auge gestochen, da sie mit hunderten kleinen Bohrlöchern versehen war. Darwin nahm diese Schale mit an Bord der Beagle, um sie in seiner Kajüte unter dem Mikroskop untersuchen zu können. Er fand in einem dieser Löcher ein winziges Tier in der Größe eines Stecknadelkopfes. Ihm, der große Kenntnisse in Zoologie besaß und an Bord über eine umfangreiche Fachliteratur verfügte, war klar, vom ganzen Habitus und von der Morphologie her, könne es sich bei diesem Tier nur um eine Seepocke/*Balanus* handeln, also um einen so genannten Rankenfüßler/*Cirripedien, Barnacle*. Erst kurz vorher, 1830, war deren Zugehörigkeit zu den Krebstieren erkannt worden, da erstmals die freischwimmenden Larvenstadien näher untersucht werden konnten, früher wurden sie für Mollusken, also Weichtiere, gehalten. Aber sollte dieses Tier, Darwin nannte es „Mr. Arthrobalanus" wirklich eine Seepocke sein? Es sah zwar danach aus, aber nach den damaligen Kenntnissen bohren sich diese Tiere nicht in Muschelschalen ein, sondern sitzen auf harten Unterlagen fest und besitzen eine symmetrische Mauerkrone aus Kalkplatten, die diesem Tier fehlte, es hatte überhaupt keine Schale. Die typischen Rankenfüße fehlten, aber vorhanden waren winzige Cirren. Für Darwin war „Mr. Arthrobalanus" der kleinste Rankenfüßler der Welt, ein „rätselhaftes kleines Ungeheuer". Was er damals nicht ahnen konnte, erst 19 Jahre später konnte er diesem Tier einen wissenschaftlichen Namen geben, es sollte der Auslöser für seine intensive, ihn oft zermürbende Forschung werden.

DER LANGE WEG ZUR GEWISSHEIT. Darwin hatte während der fünfjährigen Weltumsegelung an Bord der Beagle eine umfangreiche zoologische Sammlung angelegt, mehr als 4000 Objekte waren es. Sie wurden nach der Rückkehr Fachleuten übergeben. Den rätselhaften „Mr. Arthrobalanus" aber behielt Darwin, er erregte seine größte Aufmerksamkeit, ihn wollte er selber erforschen. Dazu war es aber unerlässlich möglichst viele Tiere dieser Gruppe zum Vergleich zu haben, rezente aber auch fossile Arten. Er lieh sich daher unzählige Exemplare aus, verglich und sezierte sie und untersuchte ihre Larvenstadien. Darwin konnte die Cirripedien Sammlung des British Museums eingehend prüfen. Er unterhielt engen Kontakt mit Wissenschaftlern im In- und Ausland, die ihm Material zusandten, ihm aber auch die Resultate ihrer eigenen wissenschaftlichen Forschung mitteilten. Ganz besonderen Dank sprach Darwin dem Händler Hugh Cuming aus, dem er umfangreiches Material zu verdanken hatte. Ein Händler, mit dem auch das Wiener Museum in Kontakt stand, von dem Sammlungen angekauft wurden.

Diese äußerst schwierige und langwierige Forschungsarbeit sollte 8 Jahre dauern, von 1846 bis 1854. Bereits im Jahre 1844 hatte Darwin ein Essay verfasst, das seine Erkenntnisse zum Artwandel zum Inhalt hatte, hielt es aber in einem Safe unter Verschluss. Darwin kränkelte zu dieser Zeit oftmals, und lediglich im Falle seines Todes sollte seine Frau dieses Essay veröffentlichen. Die Cirripedien haben ihn in seinen Gedanken, die er schon in seinem Essay formuliert hatte, nur bestärkt, und an den Cirripedien ist sein Gedanke gereift. Erst 1859 erschien sein berühmtes Werk über die Entstehung der Arten. Darwin veröffentlicht seine Untersuchungen in 4 Monographien, Standardwerke bis heute: *A monograph on the sub-class Cirripedia with figures of all the species.* Zwei Bände behandeln die heute vorkommenden Arten, zwei die Fossilien.

Die Rankenfüßler treten in verschiedenen Erscheinungsformen auf. Die Entenmuscheln oder *Lepadomorpha* sind muschelähnlich, sie haben einen seitlich zusammengedrückten Körper und einen ziemlich langen Stiel. Sie kommen bis in die Tiefsee, tiefer als 1.000 Meter vor, aber auch in der seichten Zone. Man sieht sie öfter in den Häfen an den Schiffswänden festgesetzt, wodurch die Schiffe sehr schwerfällig werden. Entenmuscheln sind die urtümlicheren Cirripedien, neben Zwittern gibt es auch noch getrennt geschlechtliche Formen. Darwin entdeckte an manchen zwittrigen Tieren angeklammert noch so genannte Komplementärmännchen, die nur wenige Millimeter groß sind und nicht der Fortpflanzung dienen.

Auch die Seepocken oder *Balanomorpha* sind festsitzend, sie besitzen eine Art Mauerkrone, weil ihre Haut Kalkplatten bildet. Man sieht sie sehr oft auf lebenden Tieren, auf Walen oder Schildkröten. Sie sind weiterentwickelt, es gibt sie nur als Zwitter.

Dann gibt es noch Rankenfüßler, wie Arthrobalanus, die in kleinen Höhlen von Weichtierschalen oder Korallen leben, aber keine Parasiten sind, weil sie nur abgestorbene Schalen besiedeln. Die Männchen sind zwergenhaft klein und hängen sich bereits als Larve an das Weibchen an. Das heißt, und auch das hat Darwin entdeckt, dass Mr. Arthrobalanus in Wirklichkeit eine Mrs. war. Er gab ihr den wissenschaftlichen Namen *Cryptophialus minutus*.

Galapagos Meerechsen. Diese Leguanart gibt es nur auf diesem Archipel, wie viele Arten, die sich hier entwickelt haben. Umgeben von einem Meer aus Wasser und in einem Meer aus Zeit.

Warum war diese Arbeit so wichtig für Darwins Erkenntnisse zur Entstehung der Arten? Gerade bei den Cirripedien können Homologien, also Ähnlichkeit von Organen, Körperstrukturen und Verhaltensweisen, die auf ihre evolutionäre Verwandtschaft beruhen, besonders gut nachgewiesen werden. Rankenfüßler sind Krebstiere, die Larven haben typische Krebstiermerkmale, die erwachsenen Tiere aber leben vollkommen anders als Krebse. Sie sind festsitzend und nicht mehr frei lebend, daher werden Organe, die jetzt nicht mehr gebraucht werden, verändert. Der Hinterleib ist verkümmert, die Beine dienen nicht mehr der Fortbewegung, sondern der Nahrungsbeschaffung. Von den beiden Fühlern ist nur mehr einer vorhanden, der zweite dient der Verankerung. Darwin entdeckte, dass die freischwimmenden Larven am Kopf ein Bindemittel ausscheiden, mit dem sie sich festsetzen. Diese besitzen typische Krebstieraugen, die sie brauchen, solange sie sich frei im Wasser bewegen. Bei den reifen, am Untergrund festsitzenden Tieren sind diese Augen zurückgebildet.

Krebse sind getrennt geschlechtlich, sie können sich bewegen, die Partnerfindung ist nicht wirklich schwierig, bei festsitzenden Formen aber sehr wohl. Daher gibt es die Entwicklung von getrennt geschlechtlichen zu zwittrigen Formen. Zwitter jedoch befruchten sich niemals selber, sondern haben, auch das hat Darwin erstmals beschrieben, einen besonders langen Penis, den sie herausstrecken, und dadurch ein Tier der Nachbarschaft befruchten können.

Darwins großes Problem war, dass Rankenfüßler enorm variabel sind, wie kann man eine Art von der anderen genau unterscheiden, eine präzise Klassifizierung schien ihm unmöglich. „Zum Spekulieren finde ich sie erfreulich, aber als Systematiker sind sie mir verhasst". Immer wieder korrigierte er seine Fassungen. Aber trotzdem, seine Systematik hat die Zeiten – abgesehen von Verfeinerungen und Ergänzungen – überdauert.

VOM MEER IN DIE ERDE. Darwin war der erste, der erkannt hat, wie segensreich die Tätigkeit der Regenwürmer für den Erdboden, wie enorm ihre ökologische Bedeutung ist. 1881, ein Jahr vor seinem Tod, kam sein letztes Werk *„The Formation of vegetable mould through the action of worms with observations on their habits"* – Die Bildung der Ackererde durch die Tätigkeit der Würmer mit Beobachtungen über deren Lebensweise – heraus. Ein Werk dessen Entstehung sich über 40 Jahre hingezogen hatte und zu einem schlagenden Erfolg wurde, tausende Exemplare wurden verkauft. Darwin hat in seinen Untersuchungen, entgegen der damals gängigen Meinung, darauf hingewiesen, wie wichtig die Regenwürmer für die Umsetzung der Biomasse, für die Freisetzung der Nährstoffe und die Bodenbildung sind. Es herrschte der Irrglaube vor, Regenwürmer seien schädlich, und jeder Landwirt, jeder Gärtner sollte versuchen, die Regenwürmer so gut wie möglich aus dem Boden zu entfernen, sonst würden sie unterirdisch die Wurzel abfressen, und die Pflanzen daher sterben. Genau das Gegenteil ist der Fall. Auch heute noch gibt es Personen, die penibel alle Blätter aus ihren Gärten entfernen, weil es unordentlich ausschaue. Das ist eine unnatürliche, vermenschlichte Interpretation der Natur. Dadurch entzieht man dem Boden Nährstoffe, denn die Regenwürmer fressen ja nicht nur die Erde, sondern sie ziehen auch die Blätter in den Boden hinein. Durch das Fressen von toter Materie und durch die Ausscheidungen der Würmer entsteht erst der Humus, diese typischen Bodenkrümel. Darwin konnte nachweisen, dass die Regenwürmer nicht beißen können, sie haben keine Zähne und auch keine Radula, eine Raspelzunge, wie die Schnecken, sondern nehmen mit saugender Bewegung organisches und anorganisches Material auf. Durch die Verdauung werden Mineralien und Stickstoff für die Pflanzen verfügbar. Darwin wies aber nicht nur auf den chemische Vorgang und dessen Vorteile hin, sondern auch auf den physikalischen Nutzen, indem die Gänge der Regenwürmer die Erde auflockern, wodurch sie durchlüftet wird. Das ist wiederum für die Wurzeln wichtig, weil dadurch auch das Wasser leichter in den Boden dringen kann. Er berechnete, dass auf einem Hektar des Landes seiner Umgebung im Laufe eines Jahres Erde mit über zwölf Tonnen Trockengewicht durch den Darm der Regenwürmer gingen.

In seinem Buch findet sich ein ganzes Kapitel über die Wichtigkeit der Regenwürmer für das Konservieren der Schätze des Altertums. Regenwürmer fressen auch unter einem Stein, der auf der Erde liegt, und unterhöhlen ihn, er sinkt ein. Seitlich werden die Krümeln abgelagert, bis der Stein ganz versunken ist, und er bedeckt wird. Dadurch sind viele Altertümer, viele Säulen und Steine konserviert worden, weil sie eben über die Jahrzehnte einsinken, überdeckt werden und nicht verwittern. Darwin selbst hat Messungen an einem Mühlstein in seinem Garten in Down durchgeführt.

Das Billardzimmer seines Hauses war angefüllt mit Töpfen voll Erde und Regenwürmern. Mit verschiedenen Versuchen wurde das Leben und die Sensorik der Würmer erforscht. Seine Familie war mit einbezogen. Seine Tochter spielte Klavier, ein Verwandter Fagott, was den Würmern ziemlich egal war. Stellte man die Töpfe jedoch direkt aufs Klavier, dann reagierten die Würmer sofort auf die Schwingungen, ebenso auf starke Lichtquellen. Weitere Versuche befassten sich mit dem Geruchsinn und dem Tastsinn der Würmer sowie mit der Blattform und -farbe, die bevorzugt in den Boden gezogen wird.

Er wurde nach der Veröffentlichung des Buches mit dem Vorwurf konfrontiert, warum ein so berühmter Wissenschafter, ein so anerkannter Mann wie er, sich mit so niederen Themen wie Regenwürmern beschäftige. Darwin antwortete, er habe sich 40 Jahre seines Lebens mit den Würmern beschäftigt. Nur wer das kleine, scheinbar unbedeutende Lebewesen erkenne und anerkenne, könne für die großen Zusammenhänge der Natur einen Blick haben.

A VENERABLE ORANG-OUTANG.

A CONTRIBUTION TO UNNATURAL HISTORY.

GEGENPÄPSTE, BULLDOGGEN UND RECHTSRADIKALE.

DARWIN HATTE VERBISSENE ANHÄNGER UND ERBITTERTE GEGNER. SEINE THEORIE LÖSTE EINEN ERDRUTSCH AUS. UND SEINE VIELEN PIONIERARBEITEN AUF ANDEREN GEBIETEN ALS DER EVOLUTION GEHEN OFT UNTER.

- Ob Regenwürmer oder Rankenfüßler, Pflanzenwachstum, Psychologie, Verhaltensforschung oder Menschwerdung: Darwin hat vielen Forschungsrichtungen grundlegende Erkenntnisse geliefert – Darwin ist nicht nur „Evolution".
- Doch ist die Evolutionstheorie überhaupt von Darwin? Macht ihm nicht ein gewisser Wallace den Ruhm streitig? Tatsächlich kam Wallace unabhängig von Darwin zu ähnlichen Ergebnissen – ohne aber auch nur annähernd so viel Belegmaterial dafür gesammelt zu haben.
- Vertreter der Evolutionstheorie Darwins gab es zur Genüge, etwa Thomas „Bulldogge" Huxley. In Deutschland hatte Darwin in Ernst Haeckel einen engagierten Verfechter seiner Ideen. Jedenfalls zum Teil. Denn Heckels ausgeprägte hierarchische Sichtweise hatte mit Darwins Vorstellung nichts zu tun. Haeckel wurde damit auf tragische Weise zum Wegbereiter von Eugenik und Rassenhygiene.
- Bis heute ist die Darwin-Rezeption von Missverständnissen geprägt. So hat man ihn auch für den menschenverachtenden „Sozialdarwinismus" verantwortlich gemacht, obwohl Darwin jede „Höherentwicklung" ablehnte und sich besonders im Alter wiederholt von der Anwendung seiner Lehre auf die Gesellschaft distanzierte.

Sigmund Freud nannte seine Erkenntnis, dass das menschliche Denken nur zu einem Teil bewußt gesteuert wird, teilweise aber unbewußt von Trieben gelenkt wird, die „dritte große Kränkung der Menschheit". Als „erste Kränkung" benannte er die Erkenntnis Galileo Galileis, dass die Erde nicht im Mittelpunkt des Universums steht. Als „zweite Kränkung" schließlich bezeichnete Freud die Entdeckung Darwins, dass der Mensch vom Tierreich abstammt. Diese Kränkung führte bei manchen Menschen zum – manchmal bewußten – Missverstehen Darwins und zur Anfertigung solcher Karikaturen.

In Südamerika stößt Darwin auf eindrucksvolle Fossilien. Er legt das Skelett eines Riesenfaultiers frei. Ihm ist klar, dass diese Geschöpfe ausgestorben sein müssen, und er notiert: „Vormals muss es hier von großen Ungeheuern gewimmelt haben."

Manche Fossilien, etwa die Reste des Riesengürteltiers, kann Darwin mit ihm bekannten, heute lebenden Arten in Zusammenhang bringen. Und er zieht den Schluss: „Lebende Tiere sind … nahe verwandt mit ausgestorbenen."

Der Nandu gab Darwin Rätsel auf: Wieso hat er Flügel und kann doch nicht fliegen? Er sammelt Beleg um Beleg, Häufiges und Rares. Eine der größten Raritäten des Naturhistorischen Museums ist das weltweit einzige Exemplar des Kapuzenpfäffchen, ein ausgestorbener, südamerikanischer Sperlingsverwandter.

Gesammelt von Joh. Natterer
N. 620
Erhalten von
Type von
melanops Pelz.
Datum

Korallen, wie diese waagrechte Kronenkoralle, faszinieren Darwin. Wie wachsen sie, wie können so kleine Lebewesen so mächtige Riffe bilden? Die Cocos Islands, die er in Australischen Gewässern besucht, bestehen nur aus Korallenstöcken.

MECHANISMEN UND EIN MEER AU

EIT

Im Tiefspeicher der Säugetiere: Unüberschaubare Vielfalt der Formen und Eigenschaften, das ist Leben. So viele Wege hat die Evolution beschritten und ist doch immer denselben Prinzipien gefolgt. Jenen Regeln, die Charles Darwin in ihren Grundzügen erkannt und niedergeschrieben hat.

St 710
EQUUS
QUAGGA

Die Besonderheit des Einzelnen, die Charakteristika einer Art – was macht sie aus? Warum gibt es dieses oder jenes Merkmal, ein solches Gehörn, jene Fellfärbung, ein bestimmtes Verhalten? Die Fragen nach den Mechanismen der Evolution enden nie.

EVOLUTION DER VIELFALT – DIE WELT DER INSEKTEN

Dominique Zimmermann, Kuratorin der Hymenoptera-Sammlung

EINE MILLION INSEKTENARTEN SIND HEUTE DER WISSENSCHAFT BEKANNT. Das heißt: in einer Veröffentlichung beschrieben und durch mindestens ein Belegexemplar, dem Typus, in einer wissenschaftlichen Sammlung, beispielsweise im Naturhistorischen Museum Wien, hinterlegt. Für die Beschreibung werden einige Merkmale abstrahiert, die sie von anderen Arten unterscheiden.

EINE MILLION INSEKTENARTEN SIND HEUTE DER WISSENSCHAFT BEKANNT. in Form eines Namens und eines Belegexemplars. Doch die Vielfalt dahinter ist viel größer… Eine Million Männchen und Weibchen, eine Million Formen der Balz, eine Million Entwicklungswege vom Ei zum ausgewachsenen Insekt, eine Million Nahrungsbeschaffungsstrategien, eine Million Anpassungen an Lebensräume, unzählige Variationen.

EINE MILLION INSEKTENARTEN SIND HEUTE DER WISSENSCHAFT BEKANNT. Doch noch immer warten Millionen auf ihre Entdeckung. Geschätzte 10 Millionen Insektenarten verbergen sich in den besonders artenreichen Regionen, den so genannten Biodiversitäts-Hotspots unseres Planeten, zu denen beispielsweise die Philippinen, der Himalaya, Neuseeland und der brasilianische Atlantikwald zählen.

Die Vielfalt von Insekten fasziniert Naturbegeisterte und Wissenschaftler seit jeher. Im Gegensatz zu Wirbeltieren, wie beispielsweise Säugetieren oder Vögeln, sind Insekten noch weitgehend unbekannt. Wie zu Zeiten Darwins kehren Forscher auch heute noch mit vielen neuen Arten von ihren Expeditionen zurück. Und wie damals ist nicht das Finden und Sammeln sondern das Erkennen und Beschreiben der Flaschenhals der Erfassung der Artenvielfalt.

DIE MECHANISMEN HINTER DER EVOLUTION. Dennoch hat sich in den letzten 150 Jahren das Verständnis der Vielfalt und der Mechanismen dahinter grundlegend geändert. Den Kern dieser Veränderung bildet Charles Darwins Selektionstheorie. Ergänzt um die Genetik, von der Darwin noch nichts wusste, erklärt sie, wie sich Arten verändern und „anpassen" können: Durch Mutationen und der Rekombination des Erbguts beider Partner im Zuge der Fortpflanzung entstehen bei jeder Zeugung neue, zufällige Variationen mit unterschiedlichen Merkmalen. Diese Merkmale können sich – je nach Umgebung – als Vorteil oder Nachteil erweisen und die Überlebenswahrscheinlichkeit und besonders die Fortpflanzungswahrscheinlichkeit erhöhen oder verringern. So kann beispielsweise eine besonders auffällige Färbung dazu führen, dass das Tier schneller von Raubtieren entdeckt und gefressen wird, während ein Artgenosse mit einer unauffälligen Färbung nicht entdeckt wird und mehr Nachkommen zeugen kann. Das nennt man natürliche Selektion. Man unterscheidet sie von der sexuellen Selektion, die bewirkt, dass diejenigen den höchsten Fortpflanzungserfolg haben, die am attraktivsten auf das andere Geschlecht wirken. Die „Attraktivität" hängt ursprünglich durchaus mit der allgemeinen Fitness zusammen, ist jedoch auf einige wenige Merkmale reduziert. So bevorzugen beispielsweise Hirschkäferweibchen Männchen mit den größtmöglichen Zangen. Große Zangen signalisieren, dass das Männchen sich optimal entwickelt hat, was gute Erbanlagen voraussetzt.

Das sind die grundlegenden Mechanismen der Evolution, durch die sich Arten verändern können und die Darwin als Ursache für die ungeheure Artenvielfalt auf der Erde erkannte. Er beobachtete auch, dass Arten sich gegenseitig in ihrer Evolution beschleunigen können, zum Beispiel durch „Wettrüsten" in Räuber-Beute- oder Wirt-Parasit-Beziehungen oder durch immer stärkere Abhängigkeit in Symbiosen.

DER VORHERGESAGTE SCHMETTERLING. Es gibt dazu das sehr schöne Beispiel einer Blume mit einer bestimmten Blütenform, die Darwin auf Madagaskar gesehen hat. Die Weiße Sternorchidee, *Angraecum sesquipedale*, besitzt einen 28 Zentimeter langen Sporn, eine Art tiefen Blütenkelch, und Darwin sagte voraus, dass es mit Sicherheit einen Schmetterling gibt, der einen gleich langen Rüssel hat. Darwin selbst hat diesen Schmetterling nicht mehr gefunden, aber 41 Jahre später wurde er entdeckt. Er heißt *Xanthopan morganii praedicta*, also der „Vorhergesagte", und sein Rüssel ist so lang, dass er bis ans Ende des Orchideen-Sporns reicht.

Woher wußte Darwin von diesem Schmetterling? Die meisten insektenbestäubten Pflanzen locken Insekten mit Nektar an, einer zuckerhaltigen Lösung. Nektar ist ein reiner Lockstoff, er hat keine weitere Funktion für die Pflanze. Er ist jedoch immer so positioniert, dass das Insekt beim Trinken automatisch mit einem Pollenpaket beladen wird. Fliegt es dann zur nächsten Blume, um noch mehr von diesem süßen Treibstoff zu tanken, wird diese bestäubt – das ist der Nutzen für die Blume. Je stärker sich eine Insektenart und eine Pflanzenart aufeinander spezialisieren, umso effizienter kann das Insekt die Pflanze nutzen, umso weniger Konkurrenten um den Nektar wird es geben, und umso effizienter wird die Pflanze bestäubt. Gleichzeitig sind stark aufeinander spezialisierte Arten auch sehr abhängig voneinander. Diese wechselseitige Anpassung von Arten wird Koevolution genannt.

DAS ANDERE ENDE DER GESCHICHTE. Das wäre ein schönes Ende dieser Geschichte, doch um der rezenten Forschung Rechnung zu tragen, sollte auch ein kleiner wissenschaftlicher Haken nicht unerwähnt bleiben: Eine Forschungsgruppe aus Deutschland ist der Meinung, dass der lange Rüssel des *Xanthopan morganii praedicta* nicht in direkter Koevolution mit dieser Orchidee

entstanden sei, sondern als Schutzmechanismus gegen räuberische Spinnen: Mit einem längeren Rüssel müssen die Schmetterlinge nicht so nahe an Blüten heran. Die Wechselbeziehung mit der Orchidee entstand ihrer Ansicht nach sekundär. Das ist eine Alternativhypothese, die derzeit nicht ausgeschlossen werden kann, aber durchaus umstritten ist. Unser naturwissenschaftliches Weltbild ist eben nur eine Annäherung an die Wirklichkeit durch Hypothesen und Theorien, die bisher von niemandem widerlegt werden konnten und so lange gelten, bis sie widerlegt werden.

Doch keine Angst – die Koevolution von Insekten und Blütenpflanzen ist nicht in Gefahr! Die enge Korrelation der Länge des Insektenrüssels mit der Länge des Blütensporns sowie einige andere wechselseitige Anpassungen von Insekten und Blütenpflanzen sind mittlerweile oftmals nachgewiesen worden. Am engsten miteinander verwoben ist zweifellos die Evolution von Bienen und Blütenpflanzen.

LUG UND BETRUG. In den meisten Fällen ist die Beziehung von Bienen und Blütenpflanzen symbiontisch – das heißt, zu beidseitigem Nutzen. Aber – wie könnte es anders sein – auch bei Bienchen und Blümchen gibt es Lug und Betrug. Eine optisch besonders ansprechende Form des Betrugs findet man bei den Ragwurzarten. Lange Zeit haben Naturforscher gerätselt, weshalb die Blüten mancher Ragwurzarten Insekten so ähnlich sehen. Sogar im Volksmund heißen sie Hummel-Ragwurz, Bienen-Ragwurz und Fliegen-Ragwurz. Erst Anfang des 20. Jahrhunderts lüftete ein Forscher das Geheimnis der Ragwurz: Bienenmännchen sollen die Blüte für ein Weibchen halten und während Scheinkopulationen den Pollen der Pflanze übertragen.

Sind Bienenmännchen denn so blind, dass sie den Unterschied zwischen einem Weibchen und einer Orchideenblüte nicht erkennen? Nun ja, Liebe geht ja bekanntlich durch die Nase … Und solange Bienen das Weibchen „riechen“ können, nehmen sie es mit dem Aussehen nicht so eng. Tatsächlich imitieren Orchideen das Geruchsbouquet paarungswilliger Weibchen. Eine Forschungsgruppe, an der auch die Universität Wien beteiligt ist, entdeckte vor wenigen Jahren, dass die chemischen Komponenten des Blumenduftes mit dem Sexualpheromon von weiblichen Bienen fast vollkommen übereinstimmen – und zwar nicht von irgendeiner weiblichen Biene, denn auch jede Bienenart hat ihren eigenen Duft – die untersuchte Spinnen-Ragwurz ist auf nur eine einzige Bienenart, die Sandbiene *Andrena nigroaenea* spezialisiert. Der Duft wird aus Komponenten der Wachsbeschichtung, einem Austrocknungsschutz der Pflanze, kreiert. Es ist eine für die Pflanze sehr „günstige“, also sparsame Methode, um ihren Bestäuber anzulocken.

Das Täuschen – im Sinne der Pflanze – von Nutztieren wie der Biene, aber auch von Feinden ist eine besonders beliebte Spielart der Evolution. So gibt es auch viele Tiere, die vortäuschen giftig und gefährlich zu sein, obwohl sie in Wirklichkeit ganz harmlos sind …

DAS SCHAF IM WOLFSPELZ. Das Phänomen, dass Tiere in ihrem Aussehen andere Lebewesen nachahmen, um einen gewissen Nutzen daraus zu ziehen, wird „Mimikry“ genannt. Es wurde erstmals von Henry Bates beschrieben, der zusammen mit Alfred Russel Wallace im Amazonasgebiet forschte. Bates blieb elf Jahre und studierte dort vor allem Insekten und deren

Sind alle Mitglieder einer Art gleich, wirklich identisch? Wir beobachten tagtäglich, dass das nicht stimmt. Unser Partner, unsere Kollegin, unser Nachbar: alles Menschen, aber etwa blond, brünett oder rothaarig – kleine, feine Unterschiede.

Ökologie. Dabei fiel ihm auf, dass es Schmetterlinge gibt, die überhaupt nicht miteinander verwandt sind, sich aber ungemein ähneln. Er entdeckte, dass eine der beiden Arten giftig ist und kaum von Vögeln gefressen wird, beziehungsweise, wenn sie einmal gepackt wird, sofort wieder ausgespuckt wird. Die ungiftige Art täuscht den Vögeln vor, diese giftige Art zu sein und wird dadurch von Vögeln, die schon einmal schlechte Erfahrungen gemacht haben, auch nicht mehr gefressen. Der Nachahmer darf jedoch im Verhältnis nur viel seltener vorkommen, sonst kann der Schutz nicht wirken. Eine auffällige Färbung dient dem Räuber als Erkennungssignal und Mahnung und wird bei giftigen Tieren Warntracht beziehungsweise bei den Nachahmern Scheinwarntracht genannt.

Bates schickte sein Manuskript mit diesen Beobachtungen an Darwin zur Begutachtung. Darwin war von der Arbeit begeistert. Er gratulierte Bates ausdrücklich dazu und schrieb ihm in einem Brief, die Studie wäre der großartigste naturwissenschaftliche Bericht, der jemals in England publiziert wurde. Und selbst wenn das Buch kein Verkaufsschlager werden sollte, werden die Erkenntnisse mit Sicherheit dauerhaft in die Wissenschaftsbücher eingehen.

Tatsächlich ist Mimikry eines der Phänomene, die die Evolutionstheorie am stärksten stützen, weil es keine andere plausible Erklärung dafür gibt, warum ein bestimmter Falter ganz anders aussieht als seine engen Verwandten und genauso aussieht wie ein nicht verwandter, giftiger Falter. Der evolutive Vorteil für den nachahmenden Falter ist die Ursache für die Anpassung.

Wie aber kommt es zu dieser Anpassung? Der ungiftige Falter sieht sich ja nicht den giftigen an, erkennt seinen Vorteil, wenn er auch so aussehen könnte, und zeugt dann plötzlich „giftig" gefärbte Nachkommen. Die Nachahmung funktioniert nach einem anderen Schema: Wenn bei ungiftigen Arten aufgrund ihrer Variabilität Individuen entstehen, deren Aussehen an die Warntracht von giftigen Tieren erinnert, dann werden diese Individuen eher verschont werden und sich daher stärker vermehren. Ihre optischen Eigenschaften geben sie an ihre Nachkommen weiter, wodurch auch sie wieder eine höhere Überlebenswahrscheinlichkeit und einen höheren Fortpflanzungserfolg haben, als ihre normal gefärbten Artgenossen.

EVOLUTION DER VIELFALT. Insekten sind – so viel steht fest – ein Erfolgsmodell der Evolution. Sie sind die einzige Gruppe, die es geschafft hat, beinahe alle Ökosysteme der Erde zu besiedeln – ob Gletscher, Regenwald, Wüste oder Großstadt, sogar auf der Meeresoberfläche leben in manchen Gegenden Wasserläufer, also Wanzen. Die Geschichte der Insekten begann vor über 400 Millionen Jahren …

Wie könnten die Ahnen der heutigen Insekten ausgesehen haben? Ein „Ur-Insekt", die Stammart aller heute lebenden Insekten, gibt es natürlich nicht mehr. Aber eines der ursprünglichsten Insekten, das heute noch lebt, kennt wohl jeder: das Silberfischchen. Diese flinken, ungeflügelten Badgenossen sind in ihrer Form ursprünglicher als das älteste bisher gefundene Insektenfossil! Im Karbon konnten Silberfischchen übrigens sogar bis zu sechs Zentimeter groß werden. In der gegenwärtigen Insektenfauna machen ursprüngliche, ungeflügelte Insekten jedoch nur einen relativ kleinen Anteil aus. Die große Vielfalt ist innerhalb der geflügelten Insekten zu finden. Flügel sind mit Sicherheit eine der wichtigsten „Erfindungen" der Insekten. Die Eroberung des Luftraumes ermöglichte ihnen, sich viel schneller zu verbreiten, aber auch, vor ungünstigen Bedingungen zu fliehen. Und in den ersten 100 Millionen Jahren, vielleicht sogar länger, gehörten die Lüfte sogar ihnen allein – Insekten waren die ersten Organismen der Erde, die aktiv fliegen konnten, lange vor den ersten Flugsauriern und Vögeln.

Ein weiterer entscheidender Schritt in der Evolution der Insekten war der Übergang von unvollständiger zu vollständiger Entwicklung mit Metamorphose – also zu einem Larven-, Puppen- und Adultstadium, wobei sich Larven und Adulte immer stark voneinander unterscheiden, wie zum Beispiel Raupen und Schmetterlinge. Es wird vermutet, dass ein wesentlicher Vorteil in den unterschiedlichen Lebensweisen und Nahrungsspektren liegt: Erstens können sich Räuber und Parasiten nur auf eines der Lebensstadien spezialisieren, wodurch bei einer „Eskalation", also beispielsweise einem außergewöhnlich hohen Befall oder einem besonders gefährlichen, neu zugewanderten Räuber, nicht so leicht die ganze Art bedroht sein kann. Zweitens kann sich das Larvenstadium auf Nahrungsressourcen spezialisieren, die in großen Mengen vorhanden sind, unabhängig davon, wie das adulte Insekt letztendlich aussieht. Das Fehlen von äußeren Flügelanlagen ermöglicht Larven auch eine Entwicklung im Boden, wie zum Beispiel bei Kartoffelkäfer und Engerling, in Pflanzen, wie beispielsweise bei der Holzwespe und dem „Holzwurm" oder wie die Schlupfwespen als Parasit im Körper anderer Insekten, also in Bereichen, die Adulten vorenthalten bleiben. Adulttiere, deren Lebensphase nur noch der Fortpflanzung dient, leben meist verhältnismäßig kurz und kommen mit wenig, manchmal sogar gänzlich ohne Nahrung aus.

Konkurrenzvermeidung, Risikoaufteilung, ... – vermutlich wirken bei der vollständigen Entwicklung verschiedene Faktoren zusammen, die in ihrer Summe erfolgreichere Strategien ermöglichen, als ein Wachstum ohne Metamorphose.

Wir beobachten, dass die vier artenreichsten Insektenordnungen Fliegen, Käfer, Schmetterlinge und Hautflügler sind, und wir versuchen ihren Erfolg zu verstehen, aber in Wirklichkeit stehen wir noch am Anfang dieser Geschichte. Wir rekonstruieren Vorfahren, aber missing links, Fossilien, die unsere Hypothesen unterstützen oder widerlegen, fehlen noch allzu oft. Wir beschreiben Arten und diskutieren gleichzeitig darüber, was eine Art überhaupt ausmacht. Fragen über Fragen, und auf der Suche nach den Antworten tun sich immer neue Abgründe auf – die Evolution birgt noch viele aufzudeckende Geheimnisse. Und sie bietet uns ein unerschöpfliches Forschungsfeld mit unendlich vielen aufregenden Themen.

Denn der Wissenschaft sind erst eine Million Insektenarten bekannt ...

Rud. Schönn nach d. Nat. gez. u. lith.

K. k. Hof Chromolithografie v. Ant. Hartinger & Sohn, Wien

MILLIONENFACHE VIELFALT.

DIE ERDE QUILLT ÜBER VOR LEBENSVIELFALT. „DIESE KUNSTVOLL KONSTRUIERTEN FORMEN, SO UNTERSCHIEDLICH UND SO ABHÄNGIG VON EINANDER… ENTSTANDEN ALLE DURCH GESETZE, DIE RUND UM UNS WIRKEN." (CHARLES DARWIN)

- Die Erde existiert seit über viereinhalb Milliarden Jahren. Alles Leben auf Erden ist miteinander verwandt. Denn es geht auf einen Uranfang zurück. Warum entwickelte sich diese enorme Formenvielfalt?
- Ein Wurm scheint zunächst nichts mit einem Vogel gemein zu haben. Ein Krokodil nichts mit einer Palme. Und wir nichts mit der Hefe in unserem Brot. Irrtum!
- Darwin war es, der diese „Abstammung mit Veränderung" als Erster entschlüsseln konnte. Bis zum heutigen Tag wird seine Erklärung bestätigt und erweitert.
- Unübersehbar sind mittlerweile die Belege für die grundsätzliche Richtigkeit der Evolutionstheorie. Einer der von Darwin erkannten Mechanismen heißt „natürliche Selektion". Ein weiterer „Variation von Merkmalen". Und: Das Leben ist verschwenderisch: Überproduktion wohin man schaut.
- Evolution: Ihre Prinzipien sind erstaunlich. Und erstaunlich einfach. So einfach, dass Darwins Mitstreiter Huxley schrieb: „Wie dumm von mir, nicht selber daran gedacht zu haben."

„Die Congerien- und Paludinenschichten Slavoniens und deren Faunen. Ein Beitrag zur Descendenz-Theorie", Wien 1875, ist ein Buch über die Veränderung von Schnecken in einem ehemaligen See. Neumayr und Paul erkannten, dass zwei unterschiedlich aussehende Schneckenformen durch eine Vielzahl an Übergangsstadien miteinander verbunden sind. Darwin war von diesen Erkenntnissen begeistert, seine Theorie erhielt eine weitere Bestätigung. Er schrieb an die Autoren: „I hope that You will allow me to express my gratitude for the pleasure and instruction which I have derived from reading it"

Eine Million Insektenarten! So viele Vertreter der Sechsbeiner, der Hexapoda, kennen wir heute. Aus den verschiedensten Lebensräumen, mit höchst unterschiedlichem Aussehen und doch mit wichtigen gemeinsamen Merkmalen – einem gemeinsamen Grundbauplan.

Innerartliche Variation! Eine Flut von Details, in denen sich Mitglieder einer Art voneinander unterscheiden. Nicht vererbte Spielerei, sondern ein Angebot an die Umwelt: Such Dir aus, was passt. Je größer die Variabilität, desto eher wird sich etwas Passendes finden.

HEUREKA!

JEDER WEISS DAS: ZWEI INDIVIDUEN EIN UND DERSELBEN ART SIND NIE WIRKLICH VÖLLIG GLEICH.

- Variationen nannte Darwin die zufälligen Merkmalsunterschiede zwischen Artgenossen: Zwei Schmetterlinge, zwei Muscheln, zwei Menschen: Sie sind nie identisch.
- Manche Merkmale sind vorteilhaft, andere nicht: Der schnelle Hase entkommt dem Fuchs, der langsame wird gefressen. Langsame Hasen werden deshalb seltener. Eine solche Auslese nennt Darwin „natürliche Selektion".
- Zufällige Variationen, also unterschiedliche Eigenschaften, und die gar nicht zufällige Selektion aus diesen Variationen für die jeweils nächste Generation sind Brennstoff und Motor der Evolution.
- So kommt es zu den Anpassungen, die die Umwelt den Lebewesen abverlangt. Bis hin zur Entstehung neuer Arten. Wer mit der Produktion von Variationen nicht mitkommt, kann sich nicht weiterentwickeln. Das Schicksal dieser Arten: Aussterben.
- Entscheidend ist der Fortpflanzungserfolg. Fortpflanzung bedeutet Vererbung von Merkmalen. Das hat Darwin verstanden. Wie das funktioniert, hat erst die Genetik gezeigt. Und Darwin dabei glänzend bestätigt.

Das Feld der Variationen innerhalb einer Art ist nicht auf Äußerlichkeiten, wie etwa der Färbung im Falle dieser Jakobsmuscheln, beschränkt. Variationen treten auf allen Ebenen auf: in der Anatomie, im Verhalten und natürlich auch in den Erbanlagen.

Pure Verschwendung! Aus den Gelegen einer einzigen Stubenfliege würden jährlich Millionen von Fliegen entstehen. Eine wahnwitzige Überproduktion angesichts beschränkter Ressourcen. Jedoch: das Überleben aller ist nicht vorgesehen.

Elefanten werden 100 Jahre alt, ein Weibchen wirft in seinem Leben sechs Junge. Also keine Überproduktion? Falsch: Würden nicht die meisten Elefanten frühzeitig sterben, die Erde wäre bald von Elefanten bedeckt. Darwin hat errechnet: nach 750 Jahren gäbe es 19 Millionen der grauen Riesen.

Das Jagdglück des Rennkuckucks: Selektion! Er hat zu fressen, kann überleben und sich fortpflanzen. Ob seine Beute zu langsam, zu ungeschickt oder kränklich war, ist unwesentlich. Sie wird sich nicht mehr fortpflanzen und kann ungünstige Anlagen nicht vererben.

Überleben im Kampf, der keiner ist. Wassermangel ist das Problem der Wüstenbewohner. Nebeltrinker-Käfer lösen es, indem sie den, auf ihrem Körper kondensierenden Nebel trinken. Ein Kampf? Nein, Die Entwicklung eines Selektionsvorteils.

THE MISSING LINK

Mathias Harzhauser, Direktor der Geologisch-Paläontologischen Abteilung

Charles Darwin ist im Zuge seiner Forschungen schon sehr früh aufgefallen, dass es seine Evolutionsidee bestätigen würde, sollte man zwischen jeweils verwandten Organismen weitere Formen finden, die die ursprünglichen Arten verbinden. Interessant war diese Frage auch unter dem erdgeschichtlichen Aspekt, dass es zwischen einem heutigen Organismus und einem fossilen Organismus eigentlich Übergänge geben müsste, die aber zu jener Zeit noch nicht bekannt oder gefunden waren. Darwin hat in seinen Arbeiten vorausgesagt, man müsste eigentlich missing links finden. Da noch relativ wenige vorhanden waren, haben Kritiker seiner Theorie vor allem auf das Fehlen der missing links hingewiesen, und die wissenschaftliche Gemeinde hat sich relativ früh auf diese Frage regelrecht fixiert. Gesuchte Klassiker waren zum Beispiel eine Lebensform zwischen Reptil und Vogel. Durch die extreme Fixierung auf diese missing links wurde beispielsweise der *Archaeopteryx* überschwänglich bejubelt, und er galt als Paradebeispiel der missing links. Heute sieht man das Thema schon deutlich kritischer, weil gerade der *Archaeopteryx* ja nicht wirklich die einzige Zwischenform, sondern in diesem ganzen Busch an phylogenetischen Linien eben ein Vertreter unter vielen ist. Diese Fixierung ist wahrscheinlich ein Grundmissverständnis im Hinblick auf die Evolution gewesen. Man hat sich Evolution als einen langsamen und sich sukzessive, aufgrund der Umweltbedingungen, verändernden Mechanismus vorgestellt. Darwin hatte von Mutationen im eigentlichen Sinn noch keine Ahnung.

DIE EVOLUTION HAT VIELE GESCHWINDIGKEITEN. In der Biologie sprechen wir heute bei vielen Organismen von einem Phänomen, das „Stasis" genannt wird. Stasis bedeutet, dass man ein Fossil über viele, viele geologische Schichten hindurch beobachten kann, und es sich gar nicht oder nur unmerklich ändert. Zehn Millionen Jahre hindurch kann ein Organismus fast unverändert sein. Und dann plötzlich, nur ein paar Schichten darüber, taucht ein anderer Organismus auf, der offensichtlich nahe verwandt ist, aber anders ausschaut, und es fehlt der Übergang dazwischen. Das hat nicht zu diesem gradualistischen Ansatz gepasst. Eldredge und Gould haben in den 1970er Jahren die Idee von „punctuated equilibria" formuliert. Diese Idee besagt, dass Evolution mitunter relativ rasch funktionieren kann. Es kann Phasen geben, wo Organismen – gut angepasst

Archaeopterix: Der „Urvogel", das „missing link" zwischen Sauriern und Vögeln, hat die Theorie von der Veränderung der Arten glänzend bestätigt. Evolution verläuft aber oft so schnell, dass fossile Belege für Übergänge rar und schwer zu finden sind.

– große Population bilden, sich kaum verändern, weil sie gar keinen Anpassungsdruck erfahren, und dann relativ rasch große Änderungen eintreten können. Was Darwin schon erkannt hat, war die Möglichkeit der Selektion, der natürlichen Zuchtwahl. Betrachten wir die unglaublichen Möglichkeiten der unnatürlichen Zuchtwahl, so sehen wir, dass es möglich ist, innerhalb weniger Jahrzehnte aus einem bestimmten Hund einen vollkommen anders aussehenden zu machen. Innerhalb der Art „Hund" können wir alle möglichen Morphologien anstreben und binnen kürzester Zeit selektieren und erzeugen, vom Zwergpinscher bis zur Riesendogge. Die Tiere sind genetisch gleich, haben aber sonst nicht mehr sehr viele Ähnlichkeiten.

Im Fossilbefund ergibt sich dabei natürlich die Schwierigkeit der Beweisführung. Wenn sich eine Morphologie innerhalb von wenigen zehntausend oder hunderttausend Jahren verändern kann, dann ist das geologisch ein relativ kurzer Zeitraum. Die Wahrscheinlichkeit, dass wir gerade diese Populationen finden, ist nicht allzu groß.

DAS ABDRIFTEN DER ARTEN. Was man im Zuge der Evolutionsforschung noch erkannt hat, ist die Tatsache, dass sich nicht die ganze Population einer Art verändert, sondern dass die Art- oder Unterartbildung eher an der Peripherie von Populationen beginnt. Man kann sich das recht leicht so vorstellen: Eine Art, die in großen Mengen in ihrem Kerngebiet zu Hause ist, zum Beispiel eine Antilopenart in Afrika, wird sich möglicherweise nicht so stark verändern, wenn kein richtiger Anpassungsdruck vorhanden ist. Wenn nun kleine Populationen am Rand des Verbreitungsgebietes abgeschnitten werden und nur mehr wenig oder keinen Kontakt zur Kernpopulation haben, beginnen sich die isolierten Gruppen allmählich genetisch zu differenzieren, verändern sich ein bisschen, driften in eine andere Richtung ab. In geologisch kurzer Zeit kann so eine neue Art entstehen, die aber möglicherweise nicht als Fossil endete oder noch nicht gefunden wurde. Wandert die neue Art dann zurück in das ursprüngliche Kerngebiet, so haben wir dort ein plötzliches Auftreten, und es fehlt uns das verbindende „link". Gerade die Phasen, in denen „evolution at work" passiert, findet man relativ selten. Klassische missing links, die gerne angeführt werden, sind meistens auch nur ein Beispiel aus einer ganzen Kette heraus. *Ichthyostega* oder *Acanthostega*, diese berühmten frühen Amphibien, die zwischen Fischen und Amphibien vermitteln, sind ja auch nicht genau das verbindende missing link, sondern „Momentaufnahmen" aus einem ganzen Busch an Möglichkeiten, auf die man halt zufällig gestoßen ist. Es sind immer sehr kurze Phasen, in denen Übergangspopulationen vorhanden sind, die zwischen zwei aufeinander folgenden Arten verbinden. Deshalb sind sie eher in geringer Zahl erhalten und deshalb werden sie auch noch seltener gefunden.

Nach heutigem Verständnis sind die missing links somit nicht mehr das Zentralgestirn der erdwissenschaftlichen Evolutionsforschung. Die Evolutionstheorie ist durch die Genetiker längst belegt und zur Evolutionslehre geworden. Missing links zu finden ist noch immer spannend und aufregend, aber es ist nicht mehr so wie früher, wo man dachte, man müsste unzählige missing links finden. Es gibt auch Bereiche, wo der Begriff „missing link" nicht richtig zutrifft, weil wir durchgehende Evolutionslinien haben. Jede dieser Arten in den Evolutionslinien ist für sich eigenständig und vollständig. Wir selbst, sollte sich der Mensch in etwas anderes weiterentwickeln, würden uns ja auch dagegen verwehren, ein missing link zur nächsten Art gewesen zu sein. Das sind ja für sich jeweils keine „halbfertigen" Arten, die darauf warten, etwas „Vollwertiges" zu werden, sondern alle missing links sind genauso vollwertige Arten.

Dabei kann man darüber philosophieren, wohin und wie sich der Mensch noch weiterentwickeln könnte. Es heißt, der Mensch sei extrem unspezialisiert und könne überall überleben, was aber nur bedingt richtig ist: Der Mensch hat sich auf seine Kulturfähigkeiten spezialisiert. Er kann das Feuer nutzen, kann mit Werkzeugen andere Werkzeuge herstellen, er kann sich Kleidung schneidern oder sehr komplexe gesellschaftliche Systeme bilden. Die Menschen passen sich also nicht der veränderten Umwelt an, sondern verändern diese zu ihrem Vorteil. Ein Überleben der Art „Mensch" und eine mögliche Weiterentwicklung zur nächsten Art, hängt wesentlich davon ab, ob es gelingt, die kulturellen Fähigkeiten weiter zu geben.

Neue Funde von missing links sind auch deshalb spannend und aufregend, weil sie wie Trophäen die Bestätigung einer Annahme darstellen, und sie dienen auch zur Verdichtung der Schritte im Übergang zwischen den Arten. Natürlich ist es für jedes Wissenschaftlerteam auch ungemein lohnend und erhöht das Ansehen in der wissenschaftlichen Welt, wenn man erste Publikationen über neu entdeckte „missing links" veröffentlicht. Die scientific community braucht solche Funde für ihr Image und für die Präsentation ihrer Arbeit, die Medien und die interessierte Öffentlichkeit lieben solche Funde und die dazu gehörigen Forschungsergebnisse.

DIE MOTOREN DER EVOLUTION. Ein völlig anderer Bereich, wo uns der Begriff „missing link" gar nicht so schnell einfallen würde, sind die kleinen und daher eher unspektakulären Mikroorganismen. In einem Kubikzentimeter Ton vom Meeresboden können hunderte, ja tausende fossile Mikroorganismen zu finden sein. Ein Bohrkern von ein paar hundert Metern Länge kann mehrere Millionen Jahre in einer sehr kontinuierlichen Abfolge darstellen. Dort können wir beobachten, wie sich aus der einen Art langsam eine andere entwickelt, und es ist oft schwierig zu sagen, ob man eine neue Art vor sich hat oder den Übergang zwischen zwei schon beschriebenen Arten. Im Bohrkern kann man richtig beobachten, wie sich eine Art verändert, wobei es Abschnitte geben kann, in welchen sich eine Art über zweihundert Meter nicht ändert und dann innerhalb weniger Meter sehr stark. Hier ist es spannend, die Frage zu klären, warum sich eine Art so plötzlich verändert, was der Grund dafür gewesen sein mag.

Dazu brauchen wir wieder die Geologen, weil wir ja mittlerweile wissen, dass sehr vieles an diesen Entwicklungsprozessen von außen gesteuert wird, und zwar von den Umweltbedingungen. Natürlich kumulieren in uns genetische Mutationen, und natürlich werden wir auch selektiert, zum Beispiel durch sexuelle Selektion. Aber es gibt großräumig wirkende Ereignisse, wie Kometeneinschläge oder starke Vulkanausbrüche. Das sind ganz augenscheinliche, radikale Änderungen der Umweltbedingungen, die genug Druck erzeugen, damit sich bestimmte Lebensformen in eine neue Richtung entwickeln und andere aussterben. Das Aussterben ist natürlich auch ein Motor der Evolution, weil dort, wo eine Art verschwindet, die nächste sich ausbreitet und den Raum einnimmt. Geodynamik, Gebirgsbildung und Kontinentaldrift spielen als Motor der Evolution ebenfalls eine wichtige Rolle. Wenn Kontinente auseinander reißen, werden ehemals zusammenhängende Populationen getrennt. Klassisches Beispiel sind hier die Saurier, die bis in den Jura hinein in Nordamerika, Afrika und Europa sehr ähnlich gewesen sind, weil sie auf einem großen Kontinent lebten. Dann beginnt der Kontinent aufzureißen, der Atlantik entsteht, und die Lebewesen verändern sich, einfach weil sie nicht mehr zusammen sind. Sie entwickeln also in verschiedenen Kontinenten verschiedene Formen. Das ist der Grund, warum Australien so außergewöhnliche Säugetiere besitzt, weil dort die Evolution schon seit vielen Millionen Jahren einen vollkommen eigenen Weg geht.

WENN KONTINENTE KOLLIDIEREN. Die Kontinentaldrift beeinflusst den Lauf der Evolution natürlich auch im umgekehrten Sinn: Wenn Kontinentmassen zusammenstoßen, wie es ja in der Geschichte immer wieder vorgekommen ist, können Tierarten, die sehr lange nicht zusammengelebt haben, wieder wandern und das jeweilig andere Territorium besiedeln. Ein sehr schönes Beispiel dafür ist die Panamabrücke, wo Nord- und Südamerika zusammen gekommen sind. Südamerika hatte lange eine Tierwelt gehabt, die ein wenig an Australien erinnert, mit sehr ausgefallenen Beuteltieren. Diesen standen oft morphologisch ähnlich gebaute Entsprechungen in Nordamerika gegenüber, die aber keine Beuteltiere waren. Es lebten zu dieser Zeit in Nordamerika die berühmten Säbelzahnkatzen und in Südamerika die „Beutel-Säbelzahnkatzen", die morphologisch sehr, sehr ähnlich waren und vielleicht ähnlich gelebt haben, die aber vollkommen unterschiedliche Tierarten darstellten. Mit dem Zusammenkommen dieser Kontinente haben sich diese Tiere gegenseitig konkurrenziert, und es ist nur mehr eine Art von beiden übrig geblieben, nämlich die nördliche Säbelzahnkatze – die besser angepasste, die offensichtlich „stärkere". Beide Arten haben zwar vermutlich ähnlich gelebt, aber die Fortpflanzung war unterschiedlich. Bei den Säbelzahnkatzen herrschte höchstwahrscheinlich eine deutlich bessere Sozialstrukturierung. Wahrscheinlich haben sie einfach bei der Vermehrung mehr Junge erzeugt, die weniger heikel waren. Von den Beuteltieren wissen wir, dass sie grundsätzlich weniger Junge haben. So kann man Evolution ein bisschen auch als Ausdruck erdgeschichtlicher Vorgänge verstehen.

EINE FLUT AN MISSING LINKS. Es gibt einen Aspekt der Evolutionslehre, wo wir hier im Wiener Großraum wirklich mitreden können: Dass wir nämlich auf der Suche nach den „missing links" manchmal zu viele finden. Vor zehn Millionen Jahren waren das Wiener Becken und die benachbarten Zonen weit nach Osten und Süden ein riesiger, leicht brackischer See – ein Überbleibsel eines gewaltigen Meeres. Währen der relativ raschen Wandlung von einem Meer zum Süßwassersee sind alle marinen Lebewesen ausgestorben. Von 200 bis 300 Arten blieben 3 bis 4 übrig; überlebt haben nur wenige Extremisten. Und diese ganz wenige Arten hatten jetzt natürlich eine Riesenchance, sie lebten auf einmal in einem Lebensraum voller ökologischer Nischen, in dem es keine Konkurrenz gab. Plötzlich begann eine bestimmte Schneckenart, sich massiv auszubreiten und – interessanterweise auch – sich stark zu verändern. Aus einer zuerst sehr simplen, immer gleichförmigen Schnecke entstanden rasch sehr plastische, morphologisch stark veränderte, komplexe Strukturen mit Noppen, Stacheln und Rippen. Alle Formen sind aber sehr nah verwandt, und man sieht eigentlich nie, dass sich eine Art abgespalten hätte. Wir finden einfach einen riesigen Wust an Morphologien, und es ist schwer zu sagen, wo die eine Art anfängt und wo die andere aufhört. Da haben wir sozusagen viel zu viele missing links.

Wir Paläontologen am Naturhistorischen Museum arbeiten derzeit an fossilen Schnecken aus dem Meer, das im südöstlichen Bereich Wiens gelegen ist. Es war ein Randmeer eines riesigen Ozeans, der bis zum Indo-Pazifik gereicht hat. Unser Studienobjekt ist eine tropische Schnecke, die Froschschnecke. Und da haben wir Formen gefunden, die zwischen einer älteren Form und einer jüngeren Form vermitteln, wobei wir nicht recht wissen, wo wir die Einzelfunde zuordnen sollen, zu den ältern oder zu den jüngeren Arten. Da haben wir also ein deutliches missing link, noch dazu zu einer Art, die es heute noch gibt. Leider handelt es sich nur um eine Schnecke und nicht um ein Wirbeltier, sonst wäre dieser Fund ein bisschen aufregender und auch für die Öffentlichkeit interessant.

Und hier schließt sich der Kreis zu Charles Darwin: Nachdem die k. u. k. Monarchie keine Kolonien besaß, haben unsere Geologen vor allem den Balkan sehr intensiv erforscht. Einer von ihnen, Melchior Neumayr von der Geologischen Bundesanstalt, hat gesehen, dass man mit den Fossilien aus einem ehemaligen See des Balkangebiets sehr schön bestimmen konnte, welche geologischen Schichten älter und welche jünger waren. Neumayr hat die morphologischen Entwicklungen und Zusammenhänge erkannt. „Veränderung" war das Zauberwort. Melchior Neumayr war einer der Ersten, der gesehen hat, dass sich die Schnecken in den Seen langsam morphologisch verändern. Das heißt, es gibt eine bestimmte Form, und es gibt eine, die dann später ein bisschen anders aussieht. Diese sind durch jede Menge Übergänge miteinander verbunden. Das war in der damaligen Zeit natürlich sensationell. Neumayr hat die Untersuchung in einem Buch publiziert, in dem er diese Schnecken akribisch benannt und abgebildet hat. Darwin hat dieses Buch gelesen und begeistert einen Brief an den Autor geschrieben, jetzt bestehe absolut kein Zweifel mehr, dass sich Tiere aufgrund von sich wandelnden Umweltbedingungen weiter entwickeln. Neumayer hat die Vielfalt und die zahlreichen Veränderungen mit der visionären These begründet, hier hätten sich die Seen im Laufe der Zeit verändert, und dadurch wären die Schnecken gezwungen gewesen, sich ständig auch ein bisschen anzupassen. Neumayer hat das Buch 1875 publiziert, also schon nachdem Darwin seine Theorie veröffentlicht hat. Doch diese war noch immer heftig umkämpft, und Darwin hatte wirklich große Freude, als er auch von dieser Seite bestätigt wurde.

Eine 48 Millionen Jahre alte Momentaufnahme der Selektion: Ein Raubfisch, Diplomystus dentatus, erstickt beim Versuch einen zu großen Hering zu fressen. Ein Räuber, dessen Augen hungriger sind als sein Bauch, ist keine Bereicherung für die Ahnenreihe.

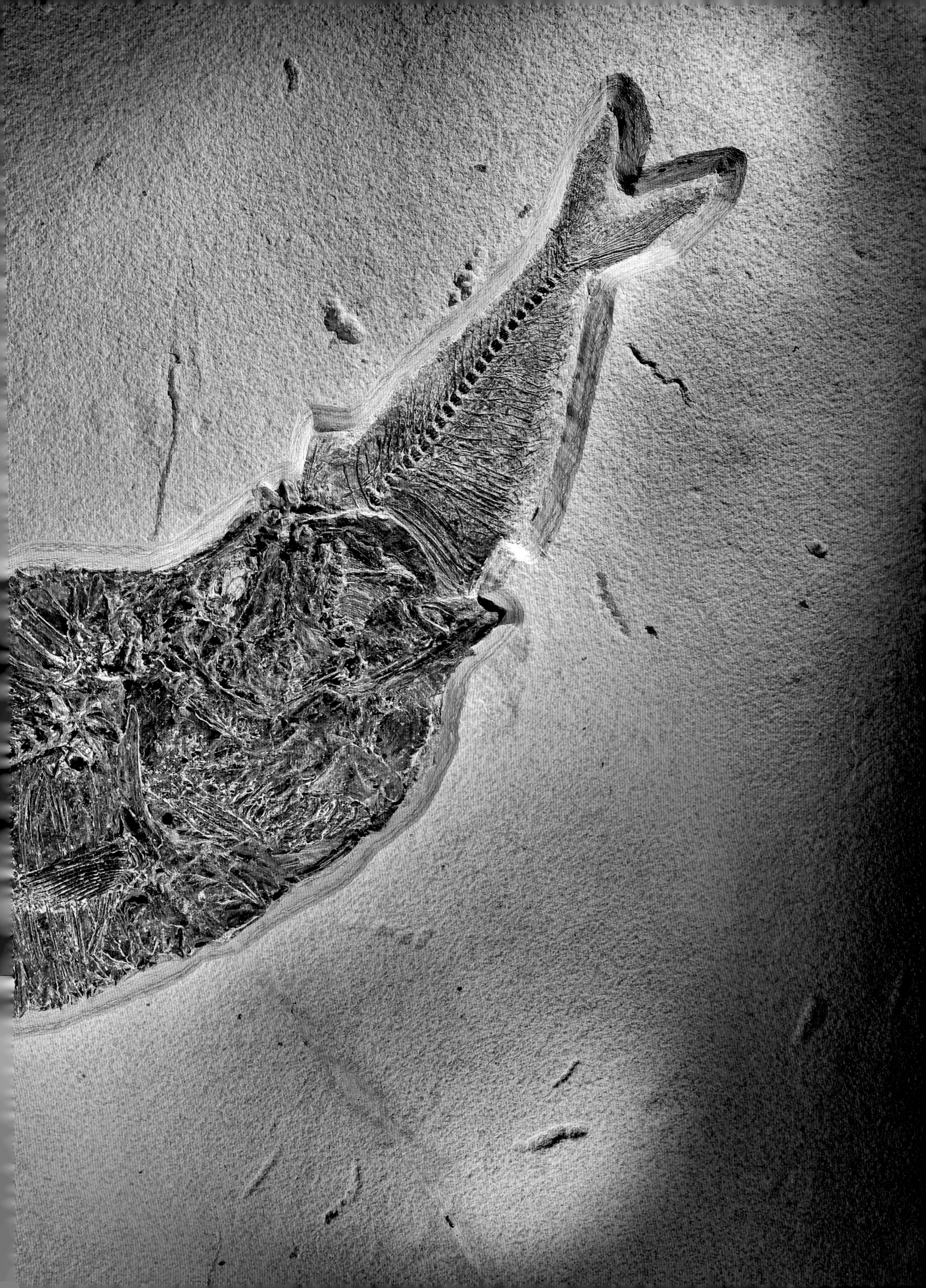

EVOLUTION PASSIERT.

DARWINS INDIZIENKETTE FÜR DIE EVOLUTION IST LANG: FOSSILIEN, BAUPLANÄHNLICHKEITEN, FUNKTIONSÄHNLICHKEITEN, DAUERNDER UMBAU, PERMANENTE ANPASSUNG.

- Fossilien bezeugen Ahnenreihen über viele Jahrmillionen hinweg. Von älteren zu jüngeren Gesteinsschichten lässt sich die Entwicklung des Lebens in aufeinander folgenden Epochen ablesen.
- Frappierende Bauplanähnlichkeiten in äußerlich so verschiedenen Organismen wie Mammut, Maulwurf oder Wal lassen sich nicht besser erklären als durch Darwins „Abstammung mit Veränderung". Die Abstammung erklärt das Gemeinsame, die Veränderung das Verschiedene.
- Dass sich Leben nicht in völlig beliebige Richtungen entwickeln kann, zeigen Ähnlichkeiten, die erst durch Umwelteinflüsse unabhängig voneinander entstanden sind: Vogel und Schmetterling bekamen ihre Flügel, weil „Flügel haben" die Antwort auf das Problem „Wie fliegen?" ist. Unabhängig voneinander; eine Konvergenz.

Actinodon latirostris: Fossilien sind Reste ausgestorbener Tier- und Pflanzenarten. Aussterben, das ist das Schicksal fast aller Arten. Überleben ist immer an Veränderung gekoppelt, ständige Anpassung an sich ändernde Umweltbedingungen ist gefragt – bis hin zur Bildung neuer Arten.

Merkmale variieren, es wird im Überfluss produziert, die Selektion trennt Passendes und Unpassendes. Nach den Vorgaben einer sich ständig ändernden Umwelt. Was nicht wenigsten gerade gut genug ist, wird aussortiert, was gut ist, kann auch unverändert überleben. Seit Milliarden Jahren: ein Meer aus Zeit.

Allegro oder vivace, C-Dur oder G-Dur: unterschiedlicher Klang, aber Variationen eines Themas. Dornen auf der Rückenhaut eines Rochens und Zähne auf den Sägen der Sägerochen: beide sind Variationen der Schuppen der Knorpelfische. Gemeinsamer Ursprung – Homologie.

Maulwurfsgrille und Maulwurf, Meister des Tiefbaus. Beide mit Vorderbeinen wie Baggerschaufeln. Schaufeln, die unabhängig voneinander entstanden und verschieden aufgebaut sind. Kein gemeinsamer Ursprung, aber gemeinsamer Zweck – Analogie.

Der Traum vom Fliegen, Insekten wie dieser Hirschkäfer, haben ihn sich verwirklicht. Wie auch Vögel, Fledermäuse und Flughunde. Jede der Gruppen hat dabei eigene Wege eingeschlagen. In der Form ist jedoch sehr ähnliches entstanden: Flügel – eine Analogie.

OHRENGEIER (Torgos tracheliotus)

Der Vogelflügel eines Geiers: ein hochkomplexes Meisterwerk der Natur, ein Doppelfächer, mehrfach faltbar, jede Feder ein hochfunktionelles Element. Und etwas völlig anderes als der Flügel eines Insekts oder einer Fledermaus. Es sind unabhängig entstandene Lösungen desselben Problems.

Wer auf Nummer sicher geht, legt Vorräte an. Und benötigt dazu Speicherkammern. Beim Trampeltier sind es die Höcker, bei der Gilaechse der Schwanz, bei Kakteen fleischige Pflanzenteile. Gemeinsame Funktion, aber keine gemeinsame Entwicklung.

Flusspferde verbringen den Tag im Wasser und haben sich daran angepasst: Nach oben gerichtete Nasenöffnungen und an der Kopfoberseite liegende Augen ermöglichen es, untergetaucht, überlebenswichtige Aufgaben erledigen zu können: Atmen und Sichern.

Luftatmer, die untergetaucht auf Beute lauern, wie der Mohrenkaiman oder Amphibien, die sich vor Räubern verstecken – sie haben das gleiche Problem: Sie müssen atmen und beobachten können. Nase und Augen werden entsprechend platziert – analoge Anpassungen.

Zu Sehen, also die Information optischer Reize auswerten zu können, ist für viele Arten ein wichtiger Sinn. Es beginnt mit lichtempfindlichen Zellen, die eine Hell-Dunkel-Unterscheidung erlauben und endet beim Linsenauge, mit dem Sie gerade diesen Text lesen.

WECHSELWARME ZWEIKLASSEN-GESELLSCHAFT

Silke Schweiger, Kuratorin der Herpetologischen Sammlung
Heinz Grillitsch, Sammlungsleiter der Herpetologischen Sammlung

Amphibien und Reptilien – Lurche und Kriechtiere – repräsentieren innerhalb der Landwirbeltiere die stammesgeschichtlich ältesten Klassen. Gegenwärtig leben auf der Erde mehr als 15.000 Amphibien- und Reptilienarten. Allen ist gemein, dass sie keine Körperwärme produzieren können, wie Vögel oder Säugetiere, so dass ihre Körpertemperatur von der Umgebungstemperatur abhängig ist und dadurch beträchtlich schwanken kann. Diese so genannten wechselwarmen Tiere regulieren die Körpertemperatur soweit wie möglich durch ihr Verhalten, zum Beispiel durch Sonnenbaden. So konnten Lurche und Kriechtiere alle Kontinente mit Ausnahme der Polarregionen besiedeln. Im Laufe der Evolution haben sich bizarr anmutende Gestalten entwickelt, die verbreiterte Nasenschilde, Dornen, Schwanzrasseln, Stirnlappen, Hörner, Fransen, Kämme, Schwimmhäute und Flossensäume tragen. Auch in ihrem Verhalten haben sich Amphibien und Reptilien in erstaunlicher Weise an die unterschiedlichsten Lebensräume angepasst: So können Flugdrachen/*Draco*, Flugschlangen/*Chrysopelea* und Flugfrösche/*Rhacophorus* durch die Luft gleiten, einige Kobra-Arten/*Hemachatus* oder *Naja* zu ihrer Verteidigung ihr Gift zielgerichtet ins Auge des Gegners verspritzen. Eine Schildkrötenart/*Dermochelys coriacea* ist in der Lage, bis zu 300 Meter tief zu tauchen, und einige Echsen/*Basiliscus* können auf zwei Beinen gleichsam übers Wasser laufen.

AM ANFANG WAR DAS WASSER. Gegen Ende des Devons, vor etwa 365 Millionen Jahren, hatten sich aus Süßwasserfischen erstmals vierbeinige, lungenatmende Wirbeltiere entwickelt, die in der Lage waren, zumindest zeitweise das Wasser zu verlassen und sich an Land aufzuhalten. Aus einer solchen Urform der Amphibien, auch Lurche genannt, entstand im Karbon und Perm vor 360 bis 250 Millionen Jahren eine Vielzahl unterschiedlicher, zum Teil recht großer, ja sogar gepanzerter Amphibienarten, die zu dieser Zeit die beherrschende Landwirbeltierklasse repräsentierten. Die Besiedelung des Landes zu einer Zeit, in der landlebende Futtertiere, wie Spinnentiere oder Insekten, erstmalig zahlreich auftraten, stellte einen evolutiv erfolgreichen Schritt zur Erschließung neuer Nahrungsquellen dar. Diesen Schritt einer ganzen Tierklasse ans Land, vollziehen auch heute noch jede einzelne Kröte und jeder Frosch, Molch und Salamander. In ihrer

Die Haarfroschmännchen bilden während der Paarungszeit an ihren Körperseiten fransenartige Hautlappen, die an Haare erinnern. Eine Vergrößerung der Hautoberfläche zur besseren Atmung während der erhöhten Aktivität zur Paarungszeit ist ebenso denkbar, wie eine, das Weibchen lockende Funktion der „Haare" während der Balz.

Entwicklung vom Ei über die kiementragende, fischartige Larve, die Kaulquappe, entsteht das erwachsene, lungenatmende Tier erst durch eine tief greifende Gestaltsverwandlung, Metamorphose genannt. Abgesehen von wenigen spezialisierten Ausnahmen, beginnt bis in die Gegenwart die individuelle Lebensgeschichte der Amphibien in Eiern, die frei im Wasser abgelegt werden, wo auch die Besamung stattfindet, bis die meisten Arten als Erwachsene zum Landleben übergehen. Die Bezeichnung „Amphibien" bedeutet „die Doppellebigen".

Während der extrem trockenen Phase des obersten Karbon, vor etwa 315 Millionen Jahren, begann eine Amphibiengruppe Eier auszubilden, die sich an Land entwickeln konnten. Dazu mussten sie große Nährstoffmengen in Form von Dotter enthalten, eine feste und trotzdem atmungsaktive Schale haben und eine zusätzliche innere Hüllmembran, das Amnion besitzen, die den Embryo in einen kleinen Schwimmteich einschloss. Zusammen mit direkter Samenübertragung in den Körper des Muttertieres, der inneren Befruchtung, waren diese Wesen zu echten Landwirbeltieren geworden, indem sie sich auch in ihrer Fortpflanzung vom Wasser emanzipiert hatten. Diese Reptilien, auch Kriechtiere genannt, entwickelten eine ungeheure Fülle von Arten und waren im Erdmittelalter über eine Zeit von 180 Millionen Jahren mit Flug- und Fischechsen, Dinosauriern, säugetier- und krokodilartigen Formen die beherrschende Landwirbeltierklasse. Die heute lebenden Reptilienordnungen der Schuppenkriechtiere, Krokodile, Schildkröten und Brückenechsen sind die kleinwüchsigen Überlebenden eines Unglücks, das vor 65 Millionen Jahren stattgefunden hat. Die Mehrzahl der damals lebenden Reptilienarten, unter ihnen alle Dinosaurier, starb durch den katastrophalen Einschlag eines Asteroiden zu Ende der Kreidezeit aus. Gegenwärtig stellen neben 313 Schildkröten- und 23 Krokodilarten, die Schlangen und Echsen mit etwa 8000 Arten die Hauptmenge der Reptilienformen. Die Reptilien umfassen so unterschiedliche Gestalten wie wurmförmige, grabende Geschöpfe ohne Augen und Beine ebenso, wie riesige Warane und hunderte Kilo schwere Meeresschildkröten.

EIN BEINLOSES LEBEN. Beinlos zu sein, ist für Menschen eine bedrohliche, vielfach mit Abscheu aber auch Strafe assoziierte Vorstellung. Schon das Bibelzitat „Du seist verflucht, verstoßen aus allem Vieh und allen Tieren auf dem Felde. Auf deinem Bauch sollst du kriechen und Erde fressen dein Leben lang" zeigt deutlich die Abneigung und die Furcht, die wir gegenüber beinlosen Geschöpfen wie etwa den Schlangen empfinden. Tatsächlich stellt die im Laufe der Evolution bei mehreren Wirbeltiergruppen unabhängig voneinander stattgefundene Entwicklung gliedmaßenreduzierter Arten aus einstmals beintragenden Formen keine Degeneration im Sinne einer Leistungsminderung dar. Vielmehr ist sie eine wirksame und sehr erfolgreiche Anpassung an eine besondere Lebensweise und geht mit der Ausbildung zahlreicher bei Extremitätenlosigkeit notwendig werdender Spezialisierungen einher, wie etwa der Streckung des Rumpfes und der schlängelnden Fortbewegung. Der evolutive Vorteil von Beinlosigkeit besteht in der Erschließung bisher ungenutzter Lebensräume, wie zum Beispiel von Spalten und Gängen, und damit auch neuer Nahrungsquellen.

Als Extremitäten der Wirbeltiere bezeichnet man die paarigen Anhänge des Achsenskeletts, wie beispielsweise die Brust- und Bauchflossen der Fische und die Arme, Beine und Schwingen der Amphibien, Reptilien, Vögel und Säuger. Reduktionsentwicklungen bis zum „Verlust" der Extremitäten haben in der Wirbeltierevolution mehrmals zu verschiedenen Zeiten und bei unterschiedlichen systematischen Tiergruppen stattgefunden. So gibt es heute Beinlosigkeit unter Fischen, zum Beispiel bei Aalen oder Muränen, unter Amphibien bei einigen Salamandern und Blindwühlern und unter Reptilien, zum Beispiel bei einigen Skinkarten, Flossenfußechsen oder Schlangen. Die prominentesten beinlosen Vertreter innerhalb der Wirbeltiere sind dabei zweifellos die Schlangen. Ihnen ist es gelungen, mit mehr als 3000 Arten, zahlreiche Lebensräume des Landes und der warmen Meere zu erobern. Sie besiedeln die Wüsten ebenso wie Savannen und dichte Wälder, Süß- und Salzwasser. Je nach Art klettern sie bis in die Baumkronen, gleiten über den Boden, tauchen im Meer oder wühlen im Erdreich.

Beinreduktion konnte nur gemeinsam mit einer Änderung der Fortbewegungsart – vorher Schreiten, nunmehr Schlängeln – erfolgreich sein, ermöglicht durch die Ausbildung einer langgestreckten Körperform, beziehungsweise einer gegenüber dem Standardkonzept der Wirbelsäule stark vermehrten Wirbelzahl. Maßgeblich für den evolutionsbiologischen Siegeszug der Schlangen scheint das durch den Wegfall von Beinen auf die Spitze getriebene Prinzip der Cephalisation, der Kopfbildung zu sein. Dies bedeutet die Konzentration aller Nahrungsaufnahme-, Sinnes- und Steuerorgane am Vorderende des Lebewesens. Immerhin muss der Kopf bei beinlosen Arten zusätzlich noch alle Aufgaben des Nahrungserwerbs, der Nahrungsaufbereitung und der Verteidigung übernehmen. Nur in diesem Zusammenhang ist die Evolution des Schlangenschädels zu verstehen. Schlangen verschlingen ihre Beute im Ganzen. Sie müssen das tun, weil die Form ihrer Zähne ein Abbeißen oder Zerkauen nicht ermöglicht. Einige sehr ursprüngliche Gruppen, wie die Blind- und Rollschlangen sowie die Schildschwänze, blieben bis heute einer im Erdreich grabenden Lebensweise verhaftet. Sie behielten die festen, kompakten Schädel ihrer Vorfahren bei und ernähren sich von kleinen Beutetieren. Die stammesgeschichtlich „modernsten" Schlangen, die Vipern, entwickelten fragil anmutende Schädel. Bei ihnen sind die einzelnen Teile des Kieferapparates auf spangenförmige Elemente reduziert und gegenüber dem Hirnschädel extrem beweglich. Dadurch wird die Mundöffnung stark dehnbar und macht das Verschlingen relativ großer Beutetiere im Ganzen möglich. Die Beweglichkeit der einzelnen Schädelknochen zueinander wird „Schädelkinetik" genannt. In diesem Sinn ist die Entwicklung einer dehnbaren Mundöffnung, mit deren Hilfe größere Beutetiere verschlungen werden können, für die Schlange offenbar eine Verbesserung ihrer Energiebilanz im Tradeoff zwischen Erwerb und Nährwert der Beute und damit ein evolutiver Fortschritt. Zusätzlich haben viele Arten einen Giftapparat entwickelt, der es ihnen erlaubt, Beutetiere innerhalb kürzester Zeit zu lähmen oder zu töten. Gifte stellen die Beute ruhig, verringern dadurch die Verletzungsgefahr für die Schlange, vereinfachen den Schlingakt und entfalten im Beutetier eine vorverdauende Wirkung. Vermutlich führte diese „Kopflastigkeit" zum Evolutionserfolg der Schlangen.

ZUM „AUS-DER-HAUT-FAHREN". Amphibien und Reptilien haben sich im Laufe der Evolution in vielfältiger Weise mit den herrschenden Umweltbedingungen arrangieren müssen. So zeigt etwa auch die Haut dieser Tiere, die als Hüllorgan Schutz gegen mechanische, chemische und physikalische Einflüsse bietet, vielerlei Anpassungen an die unterschiedlichen Lebensräume von Land und Wasser. Sie erfüllt neben der Abgrenzung gegen die Umgebung wichtige Kommunikationsaufgaben als Sinnes-, Ausscheidungs- und Atmungsorgan.

Amphibien besitzen eine dünne, schuppen- und haarlose, feuchte Körperdecke. Ihre von ausgedehnten Blutgefäßnetzen durchzogene Haut ermöglicht Larven und Erwachsenen durch die feuchte Oberfläche hindurch Sauerstoff aufzunehmen und Kohlendioxid abzugeben, also zu atmen. Lungenlose Salamander, die Plethodontiden, atmen ausschließlich mit Hilfe der Haut der Körperdecke. Aber auch Wasser und darin gelöste Substanzen können in beiden Richtungen durch die Haut transportiert werden. Um ihr Austrocknen zu vermeiden, halten Amphibien ihre aus mehreren Zellschichten bestehende Oberhaut durch Sekrete aus verschieden Arten von Drüsen feucht. In vielen Fällen, zum Beispiel Kröten, aber besonders augenfällig bei den südamerikanischen Pfeilgiftfröschen, sondern diese Hautdrüsen Gifte ab, die Krankheitserreger abtöten und Fressfeinde abhalten können. Farbstoffträgerzellen, die Chromatophoren in der Haut, bewirken zusammen mit physikalischen Struktureffekten die Vielzahl der Farben von Amphibien.

Die Oberflächenbeschaffenheit der Haut ist bei den einzelnen Amphibiengruppen sehr unterschiedlich. So haben die meisten Frosch- und Salamanderarten eine glatte, Kröten und Unken hingegen eine warzige Haut. Selten sind massive Hautverhornungen bei erwachsenen Tieren, wie zum Beispiel die Krallen der Krallenfrösche, häufig jedoch bei Kaulquappen, bei denen sie im Mundbereich als Zähnchen auftreten. Die Männchen des afrikanischen Haarfrosches/*Trichobatrachus robustus* entwickeln während der Fortpflanzungszeit an ihren Flanken einen dichten Besatz von bis zu 15 Millimeter langen fädigen Hautanhängen. Ihre Funktion ist bis heute nicht ausreichend erforscht. Diese unter den Amphibien einmalige Bildung könnte zur Tarnung, zur Vergrößerung der Hautoberfläche und somit zur Verbesserung der Hautatmung dienen, jedenfalls stellt sie ein sekundäres Geschlechtsmerkmal dar.

Alle Wirbeltiere entledigen sich regelmäßig der abgestorbenen, äußersten, verhornten Schicht der Oberhaut, der Epidermis. Amphibien streifen sie meist im Ganzen ab; bei der Häutung fahren sie sozusagen aus der Haut und fressen sie danach meist auch gleich wieder auf.

Außerhalb des Wassers ist die Haut der Reptilien, entgegen einer in der Bevölkerung weit verbreiteten Meinung, nicht feucht und glitschig, sondern trocken. Die Körperdecke besteht in ihren oberflächlichen Anteilen aus der Hornsubstanz Keratin, die unterschiedliche Bautypen von Schuppen ausbildet. Schuppen in Form großer Schilde überziehen den starren Knochenpanzer der Schildkröten. An ihren Weichteilen und auf dem ganzen Körper aller übrigen Reptilienarten befinden sich relativ kleine Schuppen, die miteinander durch wenig verhornte Hautabschnitte verbunden sind und die Beweglichkeit des Körpers gewährleisten. Einer der Fachbegriffe für die Reptilienschuppe ist der lateinische Name für den Schild der altrömischen Legionäre *Scutum*. Die Beschaffenheit der Hornschuppen der Oberhaut kann sehr unterschiedlich sein: Geckos weisen eine sehr fein strukturierte Epidermis auf, sie kann aus flachen oder gekielten Schilden bestehen, die bei einigen Arten aber auch mit Dornen und Höckern versehen sind. Spezielle Ausformungen der Oberhaut an den Zehen, die Haftlamellen, ermöglichen es vielen Geckoarten, an glatten Flächen zu klettern. Einige Wüsten bewohnende Echsen haben kammartige Säume von seitlich von den Zehen abstehenden Schuppen entwickelt; diese verhindern ein Versinken im Sand. Derartige Schuppensäume ermöglichen es einigen neuweltlichen Leguanarten, wie den Jesus-Christus-Echsen, gleichsam über Wasseroberflächen zu laufen. Bei anderen Arten finden sich auffällige Hautbildungen im Kopfbereich, zum Beispiel die starren Hörner der Männchen verschiedener Chamäleonarten oder der biegsame Nasenfortsatz der madagassischen Blattnasennatter/*Langaha*, die, wie schon der Name verrät, auffällige Nasenfortsätze besitzt, die aus verlängerten, abspreizbaren Schuppen bestehen. Bei Weibchen ist dieser Fortsatz zum Vorderende hin blattartig verrundet, bei Männchen speerspitzenförmig ausgezogen. Die Funktion dieser Hautfortsätze ist ungeklärt. Die oberste Schicht der Epidermis besteht bei allen Wirbeltieren aus abgestorbenem Hornmaterial, das nicht mehr wächst, abschilfert und von tiefer liegenden Hautschichten nachgebildet wird. Reptilien streifen im Verlaufe ihres Wachstums diese oberste Hautschicht in regelmäßigen Abständen in einem mehrstündigen Häutungsvorgang als Ganzes oder in großen Stücken ab. Schnell wachsende Jungtiere häuten sich in geringeren Zeitabständen als die Erwachsenen. Die Häutung kann sehr unterschiedlich erfolgen. Echsen häuten sich, indem sie die Oberhaut stückweise in Form von Fetzen abstreifen. Schlangen und beinlose Echsenarten streifen ihre alte Oberhaut im Ganzen ab. Vor der Häutung nehmen Schlangen ungefähr zwei Wochen keine Nahrung zu sich. Zu Beginn der Häutung tritt Flüssigkeit zwischen die Hornhaut und die darüber liegende oberste Epidermisschicht; dies verleiht den Augen ein milchiges Aussehen. Die oberflächlichste Hautschicht löst sich zuerst im Kopfbereich ab und die Schlange schlüpft ähnlich wie aus einem alten Kleid aus ihrer Haut, dem Natternhemd, heraus. Schlangen fressen im Gegensatz zu Echsen ihre abgestreifte Haut nicht auf. Die Rasseln der Klapperschlangen sind Produkte ihrer Häutungen; bei jeder Häutung wird der Klapper am Schwanzende eine neue Ringschuppe hinzugefügt. Der Wundergecko/*Teratoscincus scincus* kann sich bei Gefahr seiner äußersten Hautschicht entledigen. Bei dieser Abwehrhandlung fährt er im wahrsten Sinne des Wortes aus der Haut.

Beinlosigkeit, eine Anpassung zur Eroberung bisher nicht genutzter Lebensräume: Spalten, Risse und Gänge. Verbunden mit der Möglichkeit, neue Nahrungsquellen zu erschließen – ein evolutiver Vorteil.

Vipern und Skinke sind beides Schuppenkriechtiere. Dass die Giftschlangen sich schlängelnd fortbewegen, ist nahe liegend. Aber auch viele der rund 1400 Glattechsenarten haben nur sehr kurze Beine und bewegen sich mit Wellenbewegungen fort.

Tarnen und Täuschen, was das Zeug hält! Eine Fangheuschrecke, die wie ein Blütenblatt aussieht, wird leicht von anfliegenden Bestäubern übersehen. Und wird gleichzeitig von möglichen Feinden nicht gesehen – Mimese und Mimikry.

In jeder Schneelandschaft ist die Schneeziege bestens getarnt. Und meist ist ihr gebirgiger Lebensraum auch weiß gefärbt. Dann leben die Tiere in großen Herden. Während der kurzen Sommer im Gebirge funktioniert die Tarnung nicht, dann teilen sich die Herden in kleinste Gruppen auf.

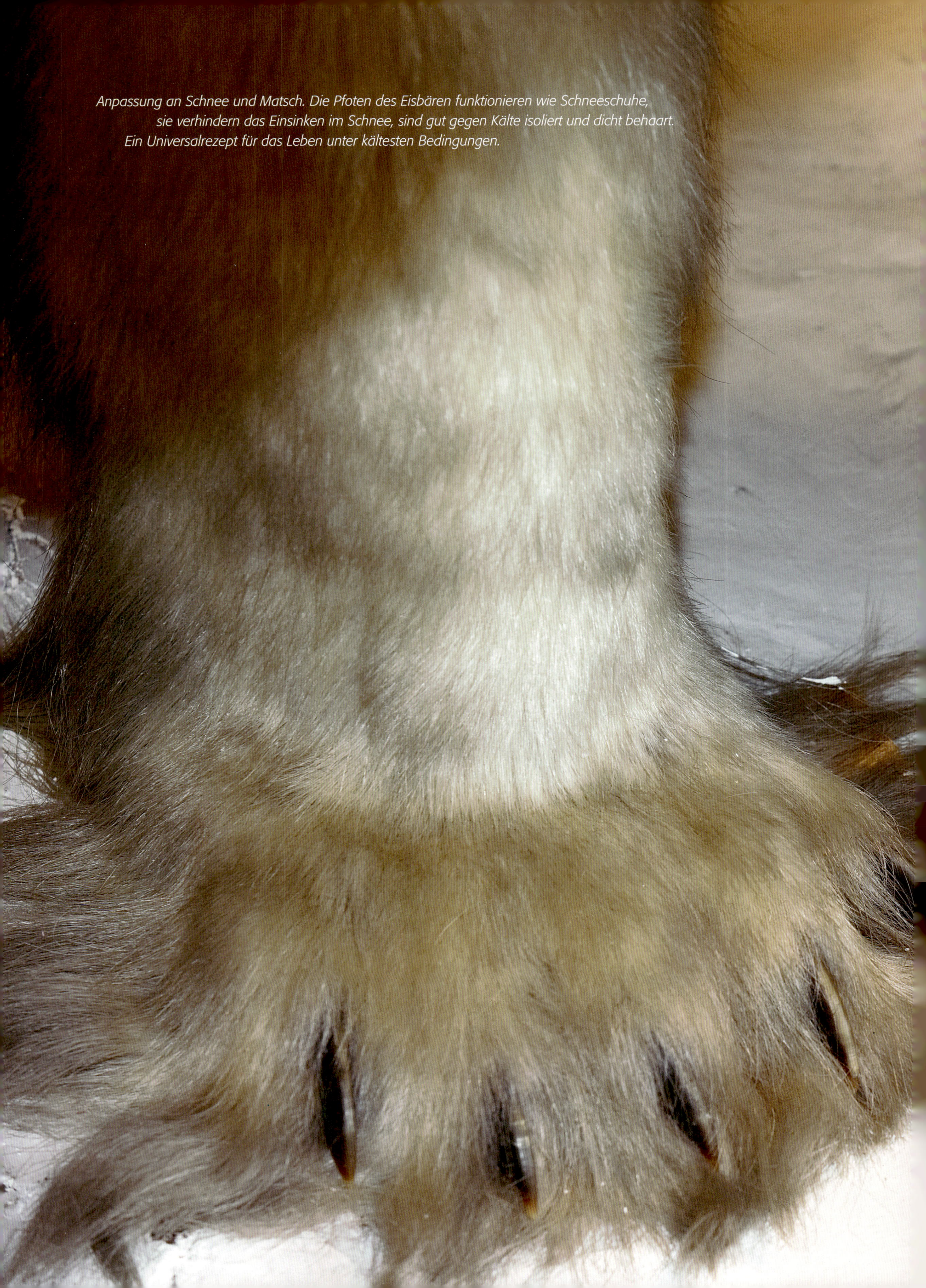

Anpassung an Schnee und Matsch. Die Pfoten des Eisbären funktionieren wie Schneeschuhe, sie verhindern das Einsinken im Schnee, sind gut gegen Kälte isoliert und dicht behaart. Ein Universalrezept für das Leben unter kältesten Bedingungen.

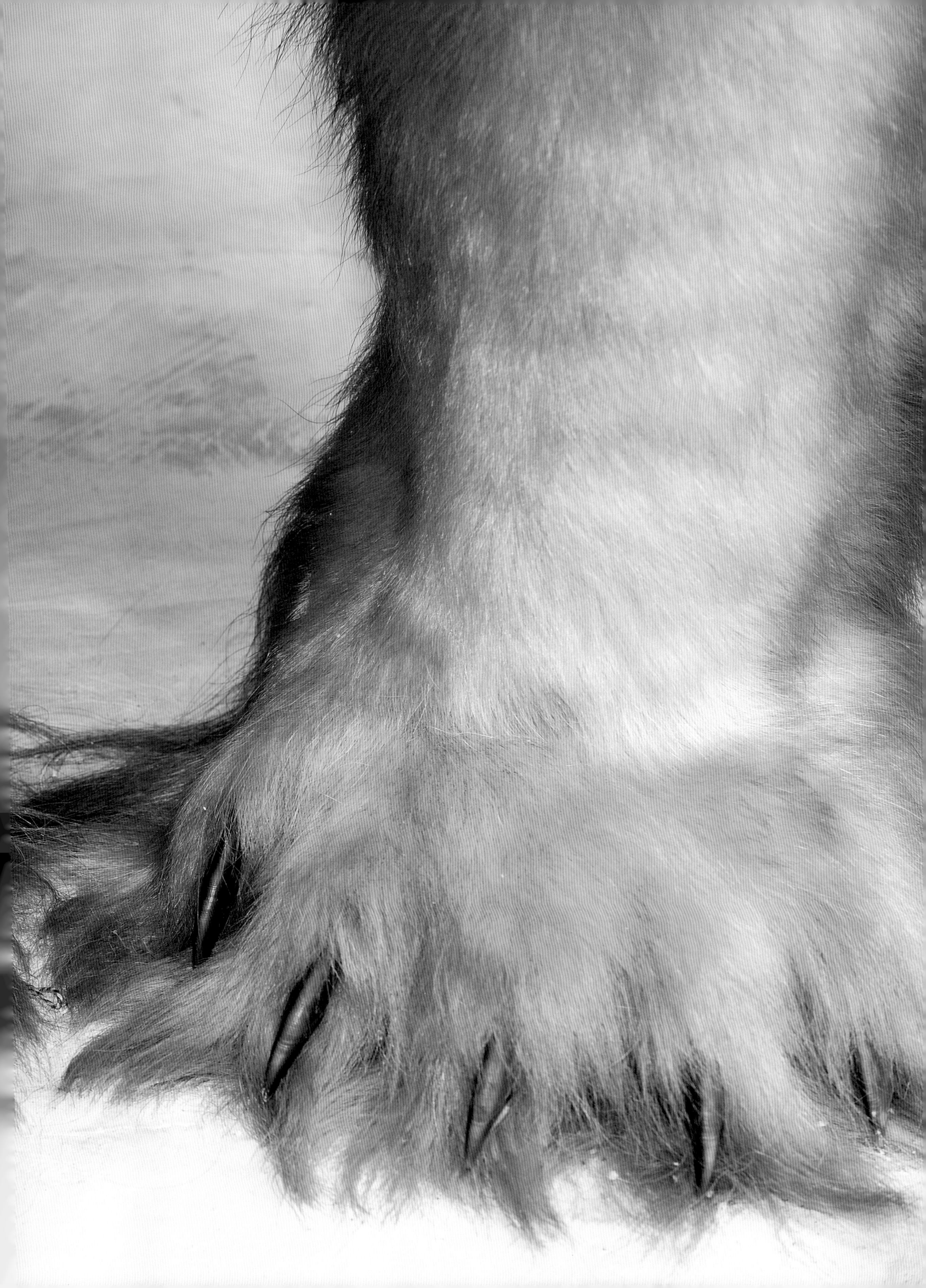

Die Schneeeule ist an das dominierende Weiß ihres Lebensraumes perfekt angepasst. Selbst der dunkle Schnabel ist von feinen, weißen Federn bedeckt. Die Leitfarbe Weiß ist bei Bewohnern entsprechender Lebensräume unabhängig voneinander entstanden – eine Analogie.

Man trägt Streifen, Flecken, Punkte oder Kringel. Nicht von der Stange, alles Haute Couture, im Detail höchst individuelle Modelle. Um zu verwirren, sich zu tarnen oder auch um einander zu erkennen – oder gar zu gefallen.

Das Dolosche Gesetz besagt: Es führt kein Weg zurück! Erfolgreiche Innovationen der Evolution werden nicht abgebaut. Säugetiere haben sieben Halswirbel. Das war erfolgreich, hat sich bewährt, Punktum. Für eine Maus ist das ok, aber für eine Giraffe? Da müssen die Wirbel eben länger sein, mehr Halswirbel geht leider nicht.

Symbiose, das klingt nach Harmonie, Friede, Freude, Eierkuchen – und ist doch nur Mittel zum Zweck. Von lästigen Parasiten geplagte Mondfische lassen sich gerne von Putzerfischen reinigen. Sie sind die Plagegeister los, und die Putzkolonne ist satt geworden.

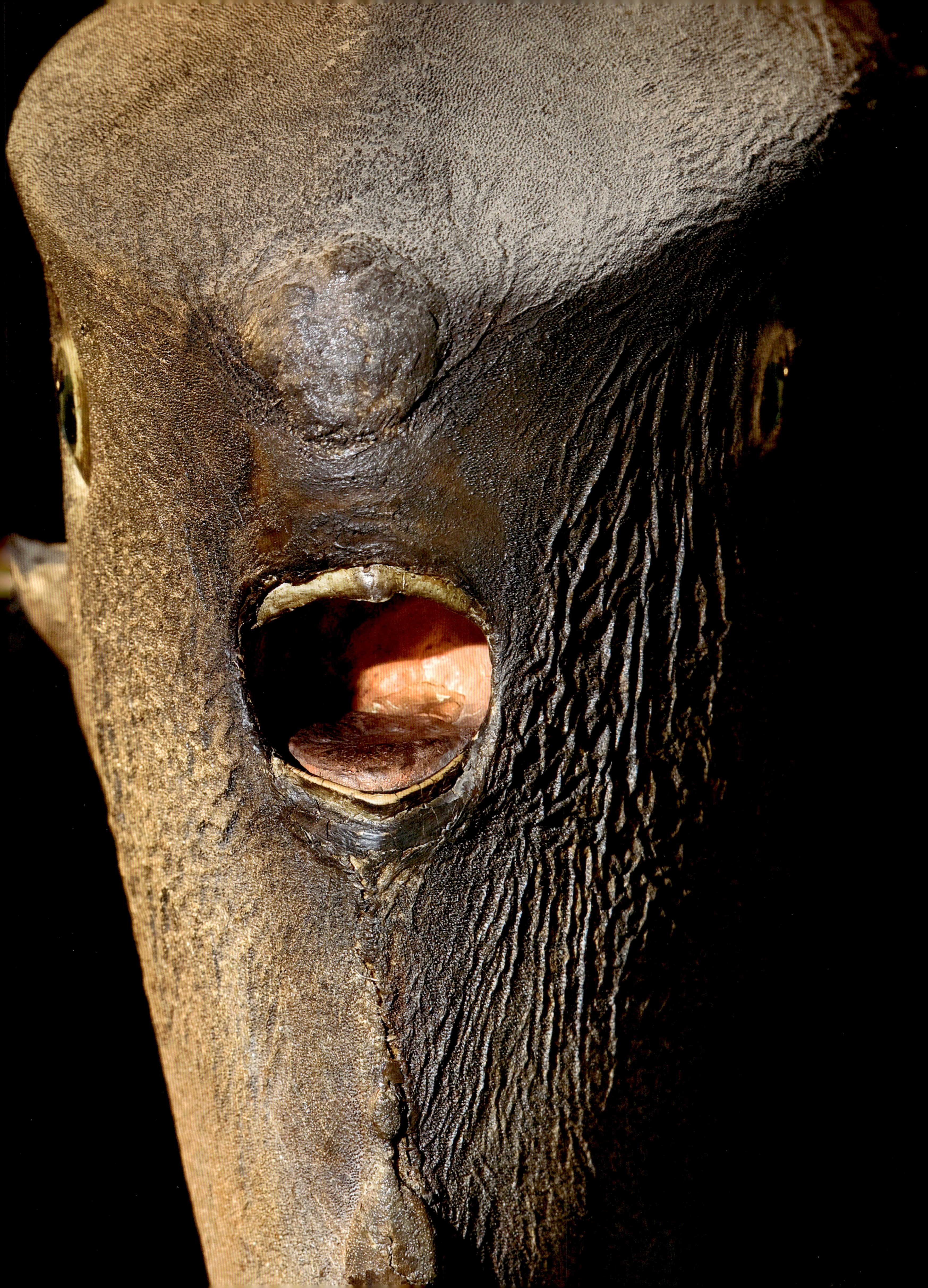

Seepocken haben sich auf einer Karettschildkröte angesiedelt. Eine Symbiose, die aber nur einem Partner nützt. Die festsitzenden Krebse reisen herum, erreichen mehr Futterplätze als ihre Kollegen auf dem immer gleichen Felsblock. Für die Schildkröte ist das uninteressant.

DER WIRT IST DIE WELT DES PARASITEN

Helmut Sattmann, Direktor der 3. Zoologischen Abteilung

Was ist ein Parasit und wie viele gibt es? Mindestens die Hälfte aller Organismen sind Parasiten. Jedem von uns fallen zu dem Wort wohl Assoziationen ein, biologische, medizinische, politische und nicht zuletzt künstlerische. Im biologischen Sinn lebt ein Parasit in oder auf und von einem anderen Organismus, seinem Wirt. Ein Embryo im Bauch der Mutter wird allerdings ebenso wenig als Parasit angesehen, wie Zwergmännchen mancher Tierarten, die als Anhängsel auf und von den Weibchen leben, wie der Tiefseeangler. Weil Parasitismus so definiert ist, dass Parasit und Wirt unterschiedlichen Arten angehören.

SCHWIERIGE DEFINITIONEN FÜR SCHEINBAR EINFACHE INHALTE. Meist ist mit Parasitismus eine trophische Beziehung gemeint, also eine die mit Ernährung zu tun hat. Sie kann sich aber auch etwa auf die Fortpflanzung oder das Wohnen beziehen. Organismen die nahe beieinander leben, sich aber nicht schaden, bezeichnet man als Kommensalen, solche, die sich gegenseitig helfen, nennt man Symbionten. Wo Nutzen und Schaden einseitig verteilt sind, spricht man vom Parasiten oder Schmarotzer als Nutznießer und vom Wirt als Geschädigten. Die Verhältnisse sind nicht immer so eindeutig, dass der Augenschein die Wirklichkeit widerspiegelt. Etwa gibt es Borstenwürmer, die scheinbar parasitisch auf Wasserschnecken leben und ihnen vielleicht auch schaden. In der Hauptsache aber sind sie Wachposten, die Parasiten, welche versuchen in die Schnecke einzudringen, fressen. Auch Fliegenmaden, die schwärende Wunden reinigen und desinfizieren, können manchmal mehr nützen als schaden und werden, wie Blutegel auch, in der Medizin eingesetzt. Kommensalen und Symbionten können aber bei verändertem Immunstatus des Wirts zu Parasiten und Krankheitserregern werden. Nach dieser diffusen Gratwanderung können vielleicht Beispiele die Definition anschaulicher machen. Ganz geläufig sind uns so genannte Außenparasiten, wie Stechmücken, Wanzen, Flöhe, Zecken, die vom Blut ihrer Opfer leben. Auch Blutegel und Vampirfledermäuse gehören hierher. Andere, wie Milben oder Insektenlarven, ernähren sich von der Haut. Weiter im Körperinneren finden wir so genannte Eingeweidewürmer, im Darm, in Lunge, Leber, Nieren und anderen Organen. Auch im Blut lebende Würmer und Einzeller sind Innenparasiten. Manche Kleinstparasiten leben in Körperzellen, wie die einzelligen Malariaerreger. Und es

Bandwürmer zählen zu den bekanntesten Beispielen für eine Form des „Zusammenlebens", die für einen der Partner schwerwiegende Nachteile hat: Sie sind Parasiten.

gibt auch Parasiten in den Parasiten. Dabei kommen wir zumeist schon in das Reich der Bakterien und Viren, die Studienobjekte eigener Fachrichtungen, der Bakteriologie und Virologie, sind und meist aus der Parasitologie ausgeklammert werden. Nichtsdestotrotz ist ihre Lebensweise eine parasitäre.

KOEVOLUTION UND DER URSPRUNG DES PARASITISMUS`. „Koevolution" bezeichnet die wechselseitige Anpassung stark interagierender Arten. Diese Anpassungen können morphologische Strukturen, physiologische und biochemische Prozesse und Verhaltensweisen betreffen. Am bekanntesten sind die Beispiele wechselweiser Anpassung von Blütenkonstruktionen und Mundwerkzeugen blütenbesuchender Insekten. Das sah auch Charles Darwin ziemlich klar. Ähnliche koevolutionäre Beziehungen erkennt man auch in Räuber-Beute-Konstellationen und beim Parasiten und seinem Wirt. Darwin zeichnet dazu in der „Entstehung der Arten" ein schönes Bild: „... dass die Struktur eines jeden organischen Gebildes ... zu der aller anderen organischen Wesen in Beziehung steht, mit welchen es in Konkurrenz um Nahrung oder Wohnung kommt, oder vor welchen es zu fliehen hat, oder von welchen es lebt. Dies wird ebenso deutlich aus dem Bau der Zähne und Klauen des Tigers erhellt, wie aus der Bildung der Beine und Krallen des Parasiten, welcher an des Tigers Haaren hängt".

Die Endosymbiontentheorie besagt vereinfacht, dass die komplexen Zellen der Tiere und Pflanzen aus zusammengesetzten Individuen entstanden sind. Bestimmte Zellorganellen stammen von ehemaligen Bewohnern dieser Zellen ab, also Symbionten, deren koordiniertes Funktionieren als Ergebnis eines koevolutiven Prozesses verstanden werden kann. In ähnlicher Weise kann man sich das Entstehen erster parasitischer Lebensformen vorstellen. Ihre Koevolution kann man mit einem Wettrüsten vergleichen, als ständige Abwehr der Wirtszelle gegen den Parasiten und ständiges Durchbrechen dieser Abwehr durch den Schmarotzer. Parasitismus ist ein uraltes Phänomen. Es kommt zu immer perfekteren Anpassungen und zum Wettrüsten zwischen den unfreiwilligen Partnern. Dem Wettrüsten von Parasiten und Wirten schreiben manche Forscher einen wesentlichen Anteil an der Entwicklung der Sexualität zu, da die ständige Notwendigkeit zur Anpassung zu genetischer Flexibilität zwingt. Spezifische morphologische Anpassungen findet man häufig an Haft- und Fressorganen, wie den Saugnäpfen und Haftapparaten bei Eingeweidewürmern oder den Gliedmaßen und Mundwerkzeugen von Außenparasiten. Physiologische Veränderungen bewirken auf Seite des Wirts die Entwicklung von Abwehrmechanismen wie das Immunsystem, auf Seiten des Parasiten die Abwehr der Abwehr. Der Selektionsdruck wird häufig in die Richtung führen, die Pathogenität des Parasiten zu mindern, was weniger heftige Gegenwehr des Wirtes erzwingt. Ein relatives Gleichgewicht in der Beziehung stellt sich bevorzugt dann ein, wenn der Parasit durch lange Koevolution sehr spezifisch an den Wirt angepasst ist.

VERWANDTSCHAFTSVERHÄLTNISSE. Koevolution zeigt sich am deutlichsten an Parasiten und ihren Wirten, die eine lange Zeit gemeinsamer Stammesgeschichte verbracht haben. Die Vorfahren der Parasiten saßen schon auf den Vorfahren der Wirte. Durch Anpassung und parallele Artaufspaltung kommt es dazu, dass verwandte Wirte oft verwandte Parasiten beherbergen. Und so kommt es, dass etwa Esel und Pferde diesbezüglich viel gemeinsam haben. Weil die Artaufspaltungen von Wirt und Parasit oft parallel erfolgen, leben Verwandtschaftsgruppen, wie Gattungen oder Familien von Parasiten in Verwandtschaftsgruppen von Wirten. So kann man auf Grund der Verwandtschaft der Parasiten auf die der Wirte schließen. Auf die Verwandtschaft von Kamelen und Lamas verweisen ihre nah verwandten Läuse. Würde man es nicht ohnehin schon wissen, verrieten die nahe Verwandtschaft von Madenwürmern oder von Kopf- und Schamläusen unser Naheverhältnis zu Schimpansen und Gorillas. Und diese Geschichte lässt sich weiterspinnen. Unsere Kopfläuse begleiten uns seit mehreren Millionen Jahren, haben die Wanderschaften des „Nackten Affen" mitgemacht und auch seine erfolgreichen Versuche, mittels Erfindung von Kleidung, kältere Regionen zu besiedeln. Dass die Erfindung der Kleider mehrmals von statten ging, erscheint nicht nur plausibel, sondern auch durch mehrmalige Entstehung der Kleiderlaus, einer Sonderform, möglicherweise eine Unterart der Kopflaus, bestätigt. Sind dies Anpassungen innerhalb der kulturellen Evolution des Menschen?

Neuere genetische Untersuchungen von Vögeln und deren Läusen, genannt „Federlinge", ergaben eine nahe Verwandtschaft der Flamingos mit den Haubentauchern. Dass derartige Schlussfolgerungen auch in die Irre führen können, zeigt die zuvor mit ähnlicher parasitologischer Argumentation postulierte nahe Verwandtschaft der Flamingos mit den Entenvögeln. Die scheint nun widerlegt, die Ähnlichkeit der Federlinge der beiden Familien dürfte keine stammesgeschichtlichen Wurzeln haben. Sondern? So einfach und geradlinig ist eben die Evolution der Parasiten auch wieder nicht. Parasiten können neue Wirte besiedeln, die in ähnlichen Lebensräumen ähnliche Anpassungen entwickelt haben wie die ursprünglichen Wirte. So geschehen mit den Läusen von Flamingos beim Wechsel zu den Enten. Solche Besiedelungen neuer Wirte nennt man „host switching". Sie passieren immer wieder und stellen für die Parasiten auch Auswege aus möglichen Sackgassen dar. Denn: zu enge Spezialisierung auf eine Wirtsart bedeutet auch das Risiko mit dieser Art auszusterben.

BANDWURM UND KUCKUCK. Vermutlich ist Ähnliches bei den Bandwürmern des Menschen geschehen. Sowohl der Rinder- als auch der Schweinebandwurm leben als geschlechtsreife Tiere in Menschen und zwar nur in Menschen! Ihre Larvenstadien, die Finnen, leben in Rindern beziehungsweise in Schweinen. Die Übertragung erfolgt über den Verzehr infizierten rohen Fleisches. Genetische Analysen vieler unterschiedlicher Arten der Gattung „Taenia" haben ergeben, dass die nächsten Verwandten des Rinderbandwurms in den Katzenartigen leben, die mit dem Schweinebandwurm nächstverwandten leben in Hyänen. Die Ergebnisse legen den Schluss nahe, dass die Parasiten vor etwa einer Million Jahren in der afrikanischen Savanne von Raubkatzen und Hyänen auf den Menschen übergewechselt sind, als dieser zum Fleischfresser wurde. Diese Würmer haben mit dem Menschen nahezu die ganze Welt besiedelt. In den Löwen und Hyänen leben heute noch ihre nächsten Verwandten. Frühere Theorien waren davon ausgegangen, dass die Tänien vom Menschen erst mit der Domestikation von Rindern, Schweinen und Hunden erworben wurden, also vor einigen tausend Jahren. Der Sprung auf oder in neue Wirte fällt den Parasiten aber offensichtlich nicht immer leicht. Die Federlinge des Kuckucks und seiner Verwandten sind kuckuckspezifisch. Obwohl diese Vögel ihre ganze Kindheit in fremden Nestern verbringen, haben sie offenbar keine Federlinge von ihren Wirten übernommen. Der Kuckuck wurde gewissermaßen selbst zum Sinnbild des „schlauen Schmarotzers". Er sitzt zwar nicht auf oder im Wirt, frisst nicht in dessen Eingeweiden oder trinkt von dessen Blut. Aber er lässt seine Eier ausbrüten, lässt seine Jungen aufziehen und gefährdet die Fortpflanzung seines Wirtes. Kuckuckshennen legen jeweils ein Ei, von insgesamt bis zu zwanzig pro Saison, in das Nest eines Wirtsvogels. Der Gemeine Kuckuck benutzt rund ein Dutzend Vogelarten als Wirte. All diese Vögel sind beträchtlich kleiner als der Parasit und ziehen aus ihrer Sicht Riesenmonster auf. Viele von ihnen aber haben eine gewisse Fähigkeit, fremd aussehende Eier zu erkennen und aus dem Nest zu entfernen. Die Kuckucke sind also einem Selektionsdruck ausgesetzt, Eier zu produzieren, die denen der Wirtsvögel ähnlich schauen. Umgekehrt wirkt die Selektion bei den Wirtsvögeln dahin gehend, dass die Erkennung der Fremdlinge perfektioniert wird, und so weiter. Das ist ein Klassiker von Koevolution. Aus dem Umstand wie perfekt Vögel die Fähigkeit zur Abwehr fremder Eier entwickelt haben, lässt sich auch auf die relative Zeitdauer der Wirts-Parasiten-Beziehung schließen. Und noch was: Ein weibliches Kuckucksindividuum bleibt meist bei der gleichen Wirtsart. Es ist wohl durch sein Aufwachsen in einem bestimmten Nest geprägt. Demnach wäre doch zu erwarten, dass sich wirtsspezifische Arten oder Unterarten des Gemeinen Kuckucks entwickelt hätten oder eben entwickeln. Doch die Variable in diesem Spiel sind die Männchen. Sie verpaaren sich offensichtlich beliebig mit Weibchen, ohne Rücksicht auf deren Wirtsspezifität. Dies sichert die Vermischung des Erbguts und somit die Einheit der Art. Diese männliche Einmischung mindert nicht die Perfektion der Tarnung der Eier, weil deren Merkmale vermutlich nur mütterlich vererbt werden.

WIE VIELE PARASITENARTEN GIBT ES? Jeder Lebensraum ist in seiner Charakteristik eine biologische Nische mit ihren ganz speziellen Bedingungen. Tiere wie Pflanzen konkurrieren um Ressourcen wie Nahrung, Raum und in gewissem Sinne auch Zeit. Versuchen wir uns nur grob die Vielfalt eines einfachen Lebensraumes, mit einfachen Nahrungsketten vorzustellen: ein Tümpel, wo sich Frösche, Molche und Raubinsekten von diversen Würmern, Insekten und Kleinkrebsen ernähren, die wiederum von Einzellern, Rädertierchen und Algen leben. Jeder dieser Organismen beherbergt Parasiten, die mehr oder weniger spezifisch für ihre Wirtsart sind. Gestehen wir nun jeder Art durchschnittlich eine spezifische Parasitenart zu, so machen die Parasiten die Hälfte der Arten aus. Überprüfen wir das am Beispiel der Parasiten mitteleuropäischer Amphibien: etwa 15 Arten von Amphibien beherbergen zirka 40 Arten von parasitischen Würmern. Rechnet man die Einzeller noch dazu, erhöht sich die Zahl möglicherweise auf 70. Bedenkt man, dass die Amphibien viel besser untersucht sind als ihre Parasiten, ist durchaus zu erwarten, dass unter letzteren mehrere Arten unerkannt sind. Dieses Beispiel würde auf eine beträchtliche Überzahl der Diversität der Parasiten hinweisen. Auch der Mensch hat eine beträchtliche Zahl auf ihn spezialisierter und eine noch größere Anzahl unspezifischer Parasiten. Andere Arten scheinen wiederum ärmer an Parasiten. Doch so wirklich durchzählen konnte das noch niemand.

BIODIVERSITÄT UND PARASITEN. Parasiten können Populationen aus dem Gleichgewicht bringen, sie schädigen. Doch oft sind sie im ökologischen Gefüge ganz unverzichtbare Regulatoren. Übermäßige Vermehrung von Populationen führen zu größeren Dichten. Die Reaktion darauf ist häufig ein erhöhter Parasitendruck, der die Population wieder ins Gleichgewicht bringt. Parasiten sind aber nur einer von mehreren Faktoren. Ist eine Art gegen einen Parasiten relativ unempfindlich, aber in anderen Belangen schwächer, etwa in der Vermehrungsrate, wird durch den Parasiten die Dominanz der vermehrungsstarken Art abgepuffert und möglicherweise das Überleben der, in bestimmten Belangen schwächeren Art, abgesichert. Parasiten leisten also einen wichtigen Beitrag zum Erhalt von Diversität. Parasiten sind wesentliche Faktoren im Evolutionsgeschehen und an der Ausbildung von Sexualität im Tier- und Pflanzenreich wesentlich beteiligt! Die Parasiten und Krankheitserreger verlangen von den Wirten erhöhte genetische Plastizität, im Dienste größerer Kapazität für Anpassung und Abwehr. Ein ständiges Wettrüsten im Laufe der Evolutionsgeschichte hat zur Sexualität mit dem Austausch von Erbgut zwischen Individuen geführt. Parasiten dürften auch einen wesentlichen Anteil an der Entstehung neuer Arten haben. Parasiten sind jedenfalls unverzichtbare Elemente unseres Ökosystems.

DER MENSCH – DER GRÖSSTE PARASIT? Auch der Mensch wird häufig als Parasit bezeichnet. Meist in Bezug auf sein ausbeuterisches und zerstörerisches Wirken auf dem Planeten Erde. Aber ich meine, dass man parasitische Strategien auch in unseren zivilisatorischen Traditionen finden kann. Die Erfindung der Viehzucht, die Rinder am Leben erhält, um Milch, in manchen Kulturen auch Blut zu gewinnen, oder das Imkern um des Honigs Willen hat schon gewisse Ähnlichkeiten mit dem Nahrungserwerb des Eingeweidewurms, der Laus oder des Kuckucks. Und gleichzeitig sind wir Beutegreifer und Pflanzenfresser, Gewinner von Energie aus Sonnenlicht und aus anderen physikalischen und chemischen Quellen. Das alles spricht nicht gegen uns, sondern für unseren Einfallsreichtum und unsere Vielseitigkeit.

Der Kuckuck, ein klassischer Brutparasit! Als Ei ins Nest des Zaunkönigs gelegt, hat er längst alle Küken des Wirtsvogels eliminiert, er passt kaum mehr in das kleine Nest. Und wird doch unverdrossen von seinen Wirten gefüttert.

Vor einer Milliarde Jahren wurde der Sex erfunden. Und die geschlechtliche Fortpflanzung setzte sich durch. In der Evolution ist Sex nicht die wichtigste Nebensache der Welt, er dient zur Reproduktion – und das ist die Hauptsache.

WARUM SEX?

SEXUALITÄT!
KAUM EINE ERFINDUNG DER NATUR HATTE DERART NACHHALTIGE FOLGEN. DABEI IST SEX ENORM AUFWÄNDIG!

- Umständliche Zellteilungsvorgänge (Meiose), Vorratshaltung riesiger Eizellen in den Weibchen, Überproduktion von Samen, Balzen und Kämpfen um die Angebetete, kräfteverzehrende Brutpflege, unglückliche Liebe, Scheidung ... Warum sind wir nicht bei der viel einfacheren Teilung geblieben – Bakterien funktionieren doch hervorragend auf diese Art!
- Wer in der Welt bestehen will, braucht vielfältiges Erbmaterial. Nur wer für möglichst viele Eventualitäten gerüstet ist, den wirft nicht schon die kleinste Veränderung der Umwelt aus dem Sattel. Das ist es, was der Sex bringt!
- Denn Sex mischt das Erbmaterial so richtig auf: Männliche und weibliche Gene werden für jeden neuen Organismus neu gemixt (rekombiniert).
- Verschiedene Genkombinationen in einer Population sind wie verschiedene Lose eines Lotteriespiels: Wer viele Lose hat, hat bessere Chancen, dass eines davon gewinnt.

Ein Schmetterlingspärchen. Aufeinander, hintereinander, im Paarungsrad, im Flug, krabbelnd, tauchend… ein Mal oder viele Male, wenige Sekunden oder mehrere Stunden lang – das Paarungsverhalten von Insekten ist ungeheuer vielfältig. Doch egal wie, das Ziel ist immer das gleiche: Die Befruchtung des Weibchens und damit der Fortbestand der Art.

Mit dem Sex kam die sexuelle Selektion, wichtiger Teilaspekt der natürlichen Selektion. Meist sind es, wie beim Argusfasan die Männchen, die sich um die Gunst der Weibchen bemühen müssen.

Taf. I

C.F. Schmidt lith.

DIE EVOLUTION DER PFLANZEN

Ernst Vitek, Direktor der Botanischen Abteilung

In der Wissenschaftsgeschichte ist der Zeitpunkt, ab dem man von Pflanzen spricht, unterschiedlich aufgefasst worden. Ursprünglich teilte man alle Lebewesen nur in zwei Reiche ein, in das der Pflanzen und jenes der Tiere. Pflanzen waren die, die sich selber ernähren können und Tiere waren jene, die Pflanzen und Tiere fressen. Bakterien und Pilze zählten früher traditionsgemäß zu den Pflanzen. Das war das Grundprinzip der Überlegungen in früheren Zeiten. Heute ist das System stärker aufgegliedert, es gibt fünf verschiedene Reiche: Bakterien und Archaeen, Algen und Schleimpilze, echte Pilze, Pflanzen und Tiere. Es ist also eine Frage der Definition, ab wann man das Erscheinen der Pflanzen ansetzt.

SIND ALGEN DIE ERSTEN PFLANZEN? Zählen wir die Algen zu den Pflanzen, dann waren Pflanzen sehr frühe Bewohner der Erde, zirka vor einer Milliarde Jahren entstanden die ersten, mehrzelligen Algen, nach neueren Fossilfunden vermutlich sogar schon vor 1,7 Milliarden Jahren. Verstehen wir unter Pflanzen aber Lebewesen, die Ansätze von Wurzeln, von einem Stamm, von Ästen oder Blättern besitzen, dann ist ihr Erscheinen deutlich später anzusetzen, etwa vor 420 Millionen Jahren mit dem Auftreten der Ur-Farne oder *Psilophyta*. Die ersten Pflanzen, jetzt wieder im traditionellen Sinn inklusive der Algen, waren Einzeller. Die entscheidende Eigenschaft ist die Fähigkeit zur Einlagerung des Chlorophylls und die daraus resultierende Produktion von Stärke oder Zucker mit Hilfe des Lichtes. Sauerstoff fällt bei diesem Vorgang, der Photosynthese, als „Nebenprodukt" an. Pflanzen produzieren Sauerstoff und verarbeiten ihn bei Lichtmangel, Tiere sind die großen Sauerstoffkonsumenten. Man könnte sie auch als Sauerstoffparasiten bezeichnen. Natürlich gibt es auch bei den Pflanzen Vollparasiten, die von dem, was andere produzieren, leben. Oder auch Halbparasiten, die sich zum Beispiel zumindest das Wasser von anderen Pflanzen nehmen. Es gibt in der Evolution alles, es gibt keine genauen Grenzen, und es wird immer mit der Möglichkeit von Neuentwicklungen gespielt.

DIE EVOLUTION DENKT NICHT. Wie funktioniert die Evolution eigentlich? Die Evolution dachte natürlich nicht: „Nun machen wir eine schöne, bunte Blume, damit die Bestäuber kommen", sondern die Evolution probierte Farben durch und die Merkmale, die günstig waren und sich

Spezialisierung und Täuschung: Ragwurzen aus der Familie der Orchideen, imitieren mit ihren Blüten das Aussehen bestimmter Wildbienen. Bienenmännchen sollen die Blüte für ein Weibchen halten und während Scheinkopulationen den Pollen der Pflanze verlässlich übertragen.

positiv auswirkten, die wurden und werden gefördert und bleiben erhalten. Merkmale, die sich negativ auswirken, sterben einfach wieder aus. Die Evolution ist nicht zielgerichtet oder gesteuert. Wenn wir die Evolution oder das Produkt der Evolution nachvollziehen wollen oder überlegen, warum eine bestimmte Pflanze, ein bestimmtes Tier heute so aussieht, dann können wir das sehr vereinfacht machen, indem wir bei einzelnen Merkmalen hinterfragen, welchen Sinn diese für dieses Lebewesen haben könnten. Wenn die Pflanze Dornen hat, dann haben diese einen Sinn, nämlich das Abwehren der Fressfeinde. Wenn eine Pflanze giftig ist, wenn eine Pflanze Brennhaare hat oder wenn sie schlecht schmeckt, dann sind das Abwehrmechanismen gegen Feinde und machen Sinn. Wir können mit dieser Sinnfrage auf einer sehr einfachen menschlichen Ebene die Eigenschaften, die Pflanzen und Tiere entwickelt haben, nachvollziehen. Dass das in der Evolution weit komplizierter gelaufen ist, muss wohl nicht extra betont werden.

Wenn wir in der Evolution der Pflanzen von den Einzellern einen Schritt weiter gehen, erscheinen die Kryptogamen, das sind Pflanzen, deren sexuelle Vermehrung ohne eigentliche Blüte vor sich geht. Zu diesen so genannten „niederen Pflanzen" werden beispielsweise Moose und Farne gezählt. Ihr Vermehrungsvorgang, das Ausbilden der Sporen, ist sehr vom Vorhandensein von Wasser abhängig. Trotz der späteren Entstehung der sehr effektiven Samenpflanzen gibt es viele der älteren, niederen Pflanzen noch immer. Es gibt noch immer Moose, Farne oder Schachtelhalme, wobei die zwei letzteren zu einem bestimmten geologischen Zeitalter sehr dominant waren. Sie waren in ihrem Wuchs baumhoch und bildeten riesige Wälder, die Grundlage unserer heutigen Kohlevorkommen. Bei den Sporenpflanzen sind Blütenorgane nicht ausgebildet. Sporen bilden sich ganz einfach, werden durch Wind und Wasser vertragen und keimen. Sehr vereinfacht kann man sagen, dass bei den ursprünglichsten Sporenpflanzen alle Sporen gleich ausgebildet sind, und sich einfach zwei Sporen treffen müssen, um eine neue Pflanze entstehen zu lassen. Spätere, höher entwickelte Sporenpflanzen bilden schon zwei verschiedene Sporentypen aus, die sich treffen müssen, man könnte bereits von einer Vorstufe von weiblich und männlich sprechen.

DIE ERFINDUNG DER BLÜTE. Die bis jetzt höchste Stufe in der Pflanzenevolution stellen die Blütenpflanzen dar. Eine Blütenpflanze ist dadurch definiert, dass bestimmte Organe der Pflanze in einer „Blüte" genannten morphologischen Einheit verbunden sind. Bei den Blütenpflanzen gibt es definierte weibliche und männliche Organe, und es gibt einen Transporteur, der die „männlichen" Pollen zur „weiblichen" Narbe bringt, im Gegensatz zu vom Wind vertragenen und sich zufällig findenden Sporen, eine gezielte und sehr effektive Fortpflanzungsart.

Die Blüte ist ein kompliziertes, komplexes Gebilde und dient der Fortpflanzung. Jetzt können wir wieder nach dem Sinn fragen. Sie ist einfach effektiver und wirksamer, sie funktioniert besser und zielgerichteter, und daher hat sich die Blüte durchgesetzt, und die Blütenpflanzen waren letztendlich erfolgreicher als die Sporenpflanzen. Die Blüte hat sich als gute Erfindung erwiesen, und durch unterschiedliche Größen und Farben der einzelnen Elemente gibt es viele Variationsmöglichkeiten. Es gibt je nach Schätzung 200.000 bis 400.000 Arten von Blütenpflanzen.

Bei der Entwicklung der Blüten gibt es alle Abstufungen von sehr einfach gebauten, unauffälligen Blüten, zu komplizierten und sehr auffälligen. Aber es gibt in der Evolution auch wieder Rückentwicklungen, zum Beispiel dort, wo die Insektenbestäubung später wieder durch Windbestäubung ersetzt wurde.

Bei den ersten nicht vom Wind bestäubten Blütenpflanzen waren die Bestäuber mit großer Wahrscheinlichkeit kriechende Insekten, da ja die ursprünglichen Insekten flügellos waren. Hier finden wir eine klassische Schnittstelle in der Evolution: Blütenpflanzen konnten erst dann so erfolgreich sein, als es fliegende Insekten gab, die den Pollen von einer Blüte zur anderen transportieren. In der Folge gab es dann ganz markante Entwicklungen, wo Insekten und Blüten sehr, sehr spezifisch aufeinander abgestimmt sind. Es gibt dazu ein Beispiel, das in diesem Buch schon bei den Insekten vorgestellt wird: die Geschichte des vorhergesagten Schmetterlings. Das ist ein Musterfall von Parallelentwicklung, wo man aufgrund der Gestalt eines Lebewesens den Gegenpart vorhersagen kann.

Es gibt immer wieder streng parallele Entwicklungen, die sich gegenseitig bedingen. Es hätte auch keinen „Sinn", wenn sich ein Element entwickeln würde und das dazu passende nicht. Wenn es eine Blüte gibt, die keinen Bestäuber hat, dann stirbt die Pflanze aus – ein ganz normaler Vorgang im Laufe der Evolution. Bei den Ragwurzen, einer Gattung von Orchideen, finden wir eine starke Aufsplitterung in einzelne Arten. Bei diesen Pflanzen imitiert die Blüte weibliche Insekten, zum Beispiel von Grabwespen. So etwas nennt man Sexualtäuschblume. Dieses besondere System funktioniert für die Pflanzen perfekt, aber nur so lange es die passenden Insekten gibt. Auch dieses Beispiel ist im Kapitel über Insekten ausführlich beschrieben.

WER IST WIRKLICH „FIT"? Bei diesem Beispiel kommen wir zur Frage nach dem Sinn dieses „Exklusivrechts" auf einen bestimmten Bestäuber. Eine derartig enge Bindung ist ein großer Vorteil. Die beiden Partnerarten nehmen sich aus der Konkurrenz mit anderen Arten heraus, weil ein Bestäuber auf eine Blüte fixiert ist und dafür garantiert zu seinem Nektar kommt. Diese Spezialisten sind sehr erfolgreich, allerdings nur kurzfristig und bei konstanten Umweltbedingungen. Sie haben ihre ökologische Nische gefunden und sind unter den gegebenen Bedingungen einfach die Besten. Langfristig hingegen sind jene Lebewesen erfolgreich, die die meisten Möglichkeiten und die größte Fähigkeit haben, sich schnell auf neue Bedingungen einzustellen. Das von Herbert Spencer formulierte und von Darwin übernommene Grundprinzip in der Evolution „The survival of the fittest", wird immer wieder grundfalsch interpretiert als: „Das Überleben der am besten Angepassten oder der am meisten Spezialisierten". Es überleben die, die die größte Potenz haben, sich auf neue Gegebenheiten einzustellen. Das Grundprinzip für „Survival of the fittest" ist der langfristige Erfolg.

PFLANZEN WANDERN, FLIEGEN, SCHWIMMEN... Neben der ungeheuerlichen Vielfalt an Methoden der Fortpflanzung, haben Pflanzen, die ja üblicherweise irgendwo angewachsen sind, auch eine gleiche Fülle an Methoden entwickelt, sich zu verbreiten, um neue Lebensräume zu erobern. Die ursprünglichsten Früchte sind sehr wahrscheinlich solche gewesen, die einfach ausgeschüttelt wurden, die heruntergefallen sind. Hatten diese eine Hülle, die für ein Tier genießbar

war, so wurden diese Früchte natürlich auch dadurch verbreitet. Gab es durch die natürliche Variabilität innerhalb einer Art Früchte, die eine etwas dickere oder schmackhaftere Hülle besaßen, so wurden diese natürlich bevorzugt gefressen und dadurch die etwas variierte Art mehr verbreitet und gefördert. Ähnlich kann man sich die Entwicklung der Flug- oder Schwimmsamen von Pflanzen vorstellen. Wenn eine Frucht hinunter fällt, saftig ist und von Tieren verschleppt wird, bietet das einen Vorteil. Wenn eine Frucht hinunter fällt und irgendwelche Ansätze von Rippen oder Flügel entwickelt hat und damit auch ein Stück weiter fliegt, bietet das auch einen kleinen Vorteil. Dieser wird über Generationen weitergegeben und dabei wird dieses Merkmal durch weitere Variation immer größer. Wenn man nun den Anfangspunkt und den Endpunkt dieser Reihe nimmt, hat man zwei völlig verschiedene Arten mit verschiedenen Strategien vor sich. Diese Entwicklung geht ungeheuer langsam, schleichend vor sich, und nur wenn man die Endpunkte nebeneinander sieht, kann man die Unterschiede sehen.

DIE EVOLUTION BRAUCHT KEINEN KOMPASS. Die Evolution geht auch nicht nur in eine Richtung. Die Evolution spielt, probiert aus und geht unterschiedlichste Wege. Was sich nicht negativ auswirkt, kann erhalten bleiben. Wir haben oft auch Merkmale, in welchen wir heute keinen zwingenden Sinn sehen und trotzdem bleiben sie erhalten. Ein Beispiel sind die Haarbüschel auf der Unterseite der Blätter von Linden, die sich bei uns nicht erklären lassen. Wenn wir aber die tropischen Verwandten der Linde ansehen, dann wohnen in diesen Büscheln Ameisen, die die Pflanzen beschützen und gegen Feinde verteidigen. Das macht Sinn. Das Merkmal hat bei uns keinen besonderen Zweck, aber es wirkt sich auch nicht negativ aus, daher kann es erhalten bleiben.

Die Evolution arbeitet kontinuierlich. Wir machen unsere Einteilung in unterschiedliche Arten aufgrund des Ergebnisses, das wir heute sehen. Die Zwischenformen, die es in der Geschichte irgendwo gegeben hat, sind heute nicht mehr da. Die Taxonomie versucht, alle Lebewesen zu klassifizieren und ihnen Namen zu geben, in der Evolutionsforschung versuchen wir dann, die Arten zueinander in Beziehung zu setzen, um zu sagen, welche Art mit welcher näher verwandt ist, und wie sich eine aus der anderen entwickelt hat. Nur dürfen wir uns nicht vorstellen, dass diese Arten dort, wo sie sich in der Abstammung annähern, so ausgesehen haben, wie wir sie heute sehen. Die Abstammungsbäume, die heute aufgrund von DNA-Analysen gemacht werden, besagen nur, dass die DNA die entsprechende Ähnlichkeit hat, aber sie sagen nichts über die Merkmale der Tiere und Pflanzen aus, wie sie vor Millionen von Jahren vielleicht ausgesehen haben. Die Aussagen über Merkmale von Lebewesen im Laufe der Evolution sind – wenn keine Fossilien vorliegen – zumindest teilweise spekulativ, und wir können nur aufgrund von Erfahrungen und dem Versuch, einen Abstammungsbaum in die geologische und klimatische Geschichte einzupassen, sagen, wie die Arten ausgesehen haben könnten und wann welche Eigenschaften entstanden sind. Wirklich sagen können wir es nicht, weil wir ja nicht dabei waren.

Ein fossiler Beleg für die Evolution der Pflanzen: Verkieseltes Nadelholz. Pflanzen haben nicht nur durch die Produktion von Sauerstoff die Atmosphäre der Erde gravierend verändert, sie haben auch die bezauberndsten Geschlechtsorgane entwickelt: die Blüten.

Paradiesvögel, gefällige Pracht. Mit dem Sex hat sich die Evolution etwas einfallen lassen! Die Devise ist, dem Anderen zu gefallen, auffallen um jeden Preis, nur nicht durchfallen bei der Partnerwahl, um ja nicht um den Fortpflanzungserfolg umzufallen.

Sexuelle Selektion ist auch dem Menschen nicht fremd. Sexsymbole finden sich überall. Ob Krone des Fächerpapageis oder Marilyns Rock, ein und dieselbe Sprache im Interesse der Fortpflanzung.

Imponieren! Das Gehörn des sibirischen Steinbocks dient nicht dazu, Weibchen zu beeindrucken. Es gilt, andere Männchen von den Weibchen fernzuhalten. Manchmal reicht schon das Imponieren allein, wenn nicht, wird der Streit im Kampf entschieden.

Böcke des Dickhornschafs liefern einander heftige Kämpfe um die Gunst der Weibchen. Fünf mal pro Stunde prallen die Gehörne der weit über 100 kg schweren Kontrahenten aufeinander – manchmal über 24 Stunden lang.

Elchbullen stellen in Übungskämpfen zunächst eine Rangordnung her. Wenn es aber um die Gunst der Weibchen geht, ist es mit Drohen und Schieben vorbei. Die bis zu zwei Meter breiten Geweihe werden zu Waffen in wütenden Zweikämpfen.

Drohen! Mächtige Eckzähne beim Löwen und beim Seeelefanten dienen der Abschreckung von Konkurrenten. Bei weit aufgerissenem Maul sind diese Waffen für jeden Gegner gut zu sehen. Ergänzt um eindeutige akustische Warnungen ist die Botschaft unmissverständlich.

Mimik und Körperhaltung dieses Säbelzahntigers vermitteln ganz klar: Nicht mit mir! Der Mechanismus des Drohens zur Abschreckung von Feinden und Konkurrenten hat einen großen Vorteil: Riskante Kämpfe bleiben aus – wenn die Drohung wirkt.

Die Hörner des Nashorns haben lediglich aus menschlicher Sicht mit Sex zu tun, sie werden für die Herstellung von Aphrodisiaka genutzt. Für die Tiere hat das Horn nichts mit Potenz zu tun, Männchen und Weibchen sind gehörnt.

Alle Walrösser tragen Hauer, Werkzeug und Statussymbol. Ihre Länge macht sowohl beim Damenkränzchen als auch in der Herrenrunde klar, welche Position man einnimmt. Der Seebär hat keine Rangabzeichen. Der Kampf um die Weibchen ist eine bissige Angelegenheit.

Die Taube und der legendäre Tyrannosaurus rex, ein Schnappschuss fürs Familienalbum. Vögel sind mit den Reptilien verwandt, am engsten mit jener Gruppe, die es heute nicht mehr gibt: mit den Dinosauriern.

*Harpyie und Gangesgavial, Greifvogel und Krokodil.
Verwandte und jeweils die einzigen heute lebenden
Arten ihrer Gattung, Harpia und Gavialis.*

*Vor rund 50 Millionen Jahren gingen die Vorläufer der heutigen Wale ins Wasser.
Ein einschneidender Schritt, das Wasserleben erfordert eine Reihe von Änderungen,
Anpassungen und Umbauten. Und manches wird einfach nicht mehr gebraucht.*

Wale sind das Produkt des Lebensraumwechsels ihrer Ahnen vom Land ins Wasser. Eine Erfindung dabei sind die Barten, mit denen die Bartenwale Plankton aus dem Meer filtern können. Das Becken wurde hingegen nicht mehr gebraucht, es ist nur mehr als Rudiment vorhanden.

VON TOD, ZUCHT UND ZIELLOSIGKEIT.

EVOLUTION IST FORTSCHREITENDE ENTWICKLUNG VON ARTEN, ABER AUCH AUSSTERBEN. AUF LANGE SICHT ERWISCHT ES IRGENDWANN JEDE ART.

- Naturkatastrophen, Klimaänderungen, Plattentektonik, übermächtige Konkurrenten: Für das Aussterben gibt es viele Gründe. Auch zu gute Anpassung. Wer sich zu sehr spezialisiert, kann nicht mehr zurück. Noch so eine Spielregel der Evolution. Wenig differenzierte Opportunisten haben die besten Karten.
- Manchmal scheint es gar keine Evolution zu geben: Ist sie bei „lebenden Fossilien" stehengeblieben? Warum verläuft sie manchmal langsam, manchmal schnell?
- Besonders schnell wird sie, wenn der Mensch eingreift und Arten zu verändern sucht. Aus Wölfen hat er Hunde gemacht, aus Wildem Kohl Broccoli, aus Gras Weizen. Darwin, der selbst Tauben züchtete, gewann aus dieser Zeitraffer-Evolution grundlegende Erkenntnisse.
- Bei der Zucht gibt der Mensch ein Ziel vor. Etwa größere Schweinehintern. Merkmale sind aber häufig miteinander vernetzt. Gut möglich, dass der Preis für saftigere Schinken eine größere Krankheitsanfälligkeit ist. Zuchtergebnisse sind zufälliger als es der Mensch wahrhaben will.
- Das mit dem „Ziel" ist auch in der „echten" Evolution so eine Sache. Bis heute besteht die falsche Vorstellung von ihrer Ausrichtung auf einen vollkommenen Endzustand. In Wahrheit hinkt die Evolution den unvorhersagbaren Änderungen der Umwelt hinterher. Ziel und Perfektion sind gar nicht möglich.

So ist das Leben: Da entwickelt man sich über unvorstellbare Zeiträume, Generation für Generation, zu einer respektablen und respektierten Art. Man passt sich an, spezialisiert sich. Und dann: neue Rahmenbedingung, Selektion, Game over für die Säbelzahnkatzen!

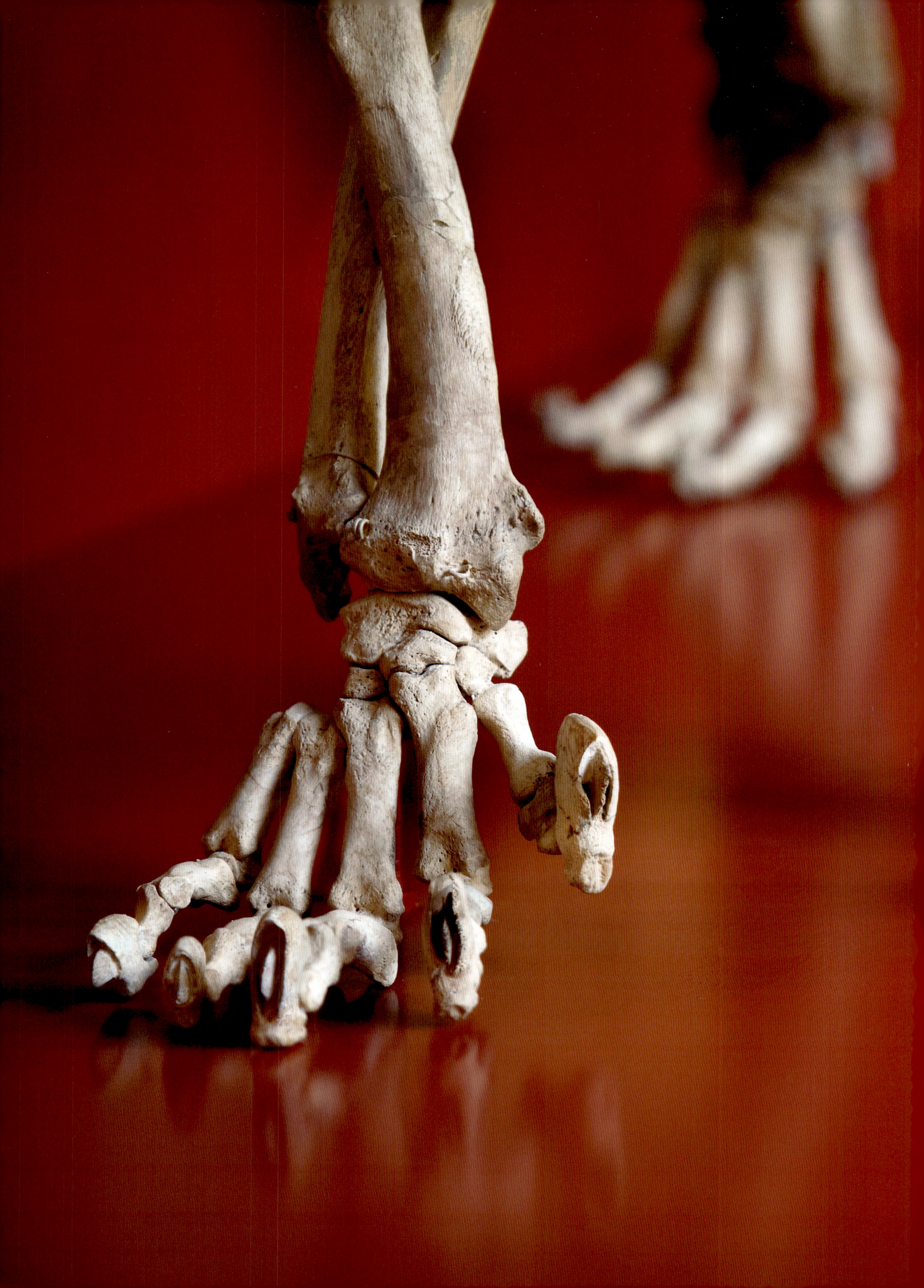

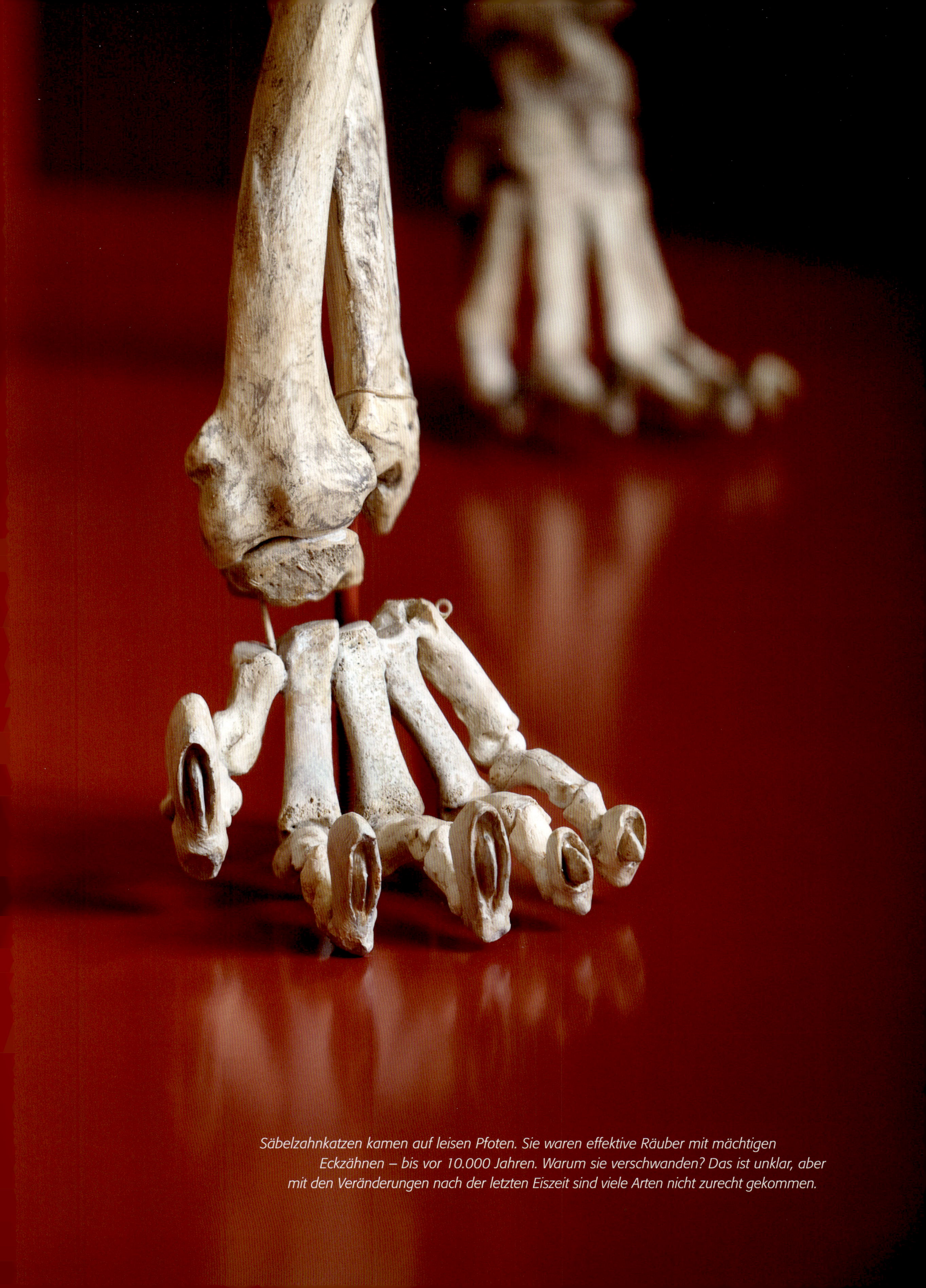

Säbelzahnkatzen kamen auf leisen Pfoten. Sie waren effektive Räuber mit mächtigen Eckzähnen – bis vor 10.000 Jahren. Warum sie verschwanden? Das ist unklar, aber mit den Veränderungen nach der letzten Eiszeit sind viele Arten nicht zurecht gekommen.

Auch der Hauerelefant hat es nicht bis in unsere Zeit geschafft. Dabei waren diese frühen Rüsseltiere erfolgreich. Über Jahrmillionen, wie Fossilien belegen! Und am Ende ereilte sie doch das Schicksal fast jeder Art: das Aussterben.

A. I. 1929

Unter den heute lebenden Tiergruppen zählen Haie zu den erfolgreichsten. Die modernen Haie sind das Resultat einer rund 400 Millionen Jahre dauernden Evolution. „Hai sein", ist offenbar ein recht gelungenes Konzept.

Der Quastenflosser, Latimeria, ein lebendes Fossil. Bis 1938 kannte man diese Gruppe als Fossilien, 400 bis 70 Millionen Jahre alt. Dann stolperte die Museumskuratorin Marjorie Latimer auf einem südafrikanischen Fischmarkt zufällig über ein eben gefangenes Exemplar – von wegen ausgestorben!

Lebende Fossilien: Sie gehören erdgeschichtlich alten Gruppen an, sind heute im Vergleich zu ihren Vorfahren nur sehr beschränkt verbreitet, zeigen Merkmale eines ursprünglichen Bauplans. Bei Quastenflosser und Pfeilschwanzkrebs lässt sich die Evolution Zeit.

Der Mensch macht Evolution! Aus dem Wolf hat er den Hund gemacht, durch Zucht. Er selektiert Nachkommen auf ein bestimmtes Ziel hin. Ganz im Gegenteil zur „richtigen" Evolution, die hat kein Ziel.

Ob fossiler Befund oder rezente Beobachtung: Wohin man schaut gibt es alles andere als perfekte Lösungen, kein Ziel, keine Absicht. Wir selbst sind ein Paradebeispiel: Weisheitszähne, Bandscheibenvorfälle, Plattfüße: Unser Bauplan ist ein Pfusch!

Eine Riesenkrabbe aus der Bucht von Tokio. Ein Geschenk von Kaiser Meiji von Japan an Kaiser Franz Josef. Von der Evolution zur Tiefseespezialistin gemacht, dank Staatsraison und Etikette des 19. Jahrhunderts zum Bestandteil unserer Sammlungen geworden.

VON

GENEN, MENSCHEN UND KULTUR

GENETIK IM MUSEUM: EVOLUTION DER MOLEKÜLE

Elisabeth Haring, Leiterin des Molekularsystematischen Labors

Was hat Darwin mit Molekularbiologie und Genetik zu tun?" Nun, Darwin ist der Begründer der Evolutionslehre, und Evolution findet auf verschiedenen Ebenen statt. Wir erkennen die Mechanismen der Evolution nicht nur durch Untersuchungen an Arten, Populationen oder Organismen, sondern auch indem wir Moleküle untersuchen und vergleichen. Dass Arten veränderlich sind, dass neue Arten aus Vorläuferarten hervorgehen, ist allgemein bekannt. Die ganz wesentlichen Faktoren der Evolution sind Variation und Selektion. Während die Selektion am Individuum angreift, basiert die Variation der Merkmale von Organismen auf der Veränderlichkeit der Erbsubstanz, der DNA. Die Aufgabe der Molekularbiologie in der Evolutionsforschung ist also, auf der Ebene der Moleküle, nachzuvollziehen oder aufzudecken, warum sich Organismen im Laufe der Evolution verändern. Die Erforschung der Gene und ihrer Funktionen ermöglicht es aufzuklären, wie die genetische Information in äußerliche Merkmale umgesetzt wird. Verändern sich Gene, kann dies zu veränderten Merkmalen führen. Dies ist ein interessanter Aspekt der Evolutionsforschung, aber die Untersuchung der DNA bietet darüber hinaus auch die Möglichkeit, die Stammesgeschichte von Organismen zu rekonstruieren sowie die Biodiversität aufzudecken. Solche Projekte werden im Labor für Molekulare Systematik am Naturhistorischen Museum bearbeitet.

Während Morphologen oder Anatomen Tiere anhand ihrer sichtbaren Merkmale untersuchen, ist für uns Molekularbiologen die DNA Gegenstand der Forschung. Aber die Fragestellungen, die wir klären wollen, sind oft dieselben, und meist geht es um die Frage, wie nahe Tiere miteinander verwandt sind. Ziel ist es, Gruppen gegeneinander abzugrenzen, seien es Ordnungen, Gattungen, Arten oder Populationen, um das Ausmaß der Differenzierung herauszufinden und dadurch die Stammesgeschichte dieser Gruppen zu rekonstruieren. In unserem Forschungsalltag haben wir selten mit ganzen Tieren zu tun, sondern meist nur mit winzigen Teilen davon. Wir untersuchen kleine Gewebestücke, die wir entweder von lebenden Tieren erhalten oder Museumspräparaten entnehmen.

WARUM UNTERSUCHEN WIR DIE DNA? Alle Individuen einer Art besitzen eine sehr ähnliche DNA, natürlich mit geringen Unterschieden, aber trotzdem ist anhand der Abfolge der Bausteine

Die Zelle, Baustein des Lebens. Ihr Kern: der Gral der Erbinformation. Hier sind alle Informationen zu finden, die zur Entstehung eines Lebewesens nötig sind. Solange Information durch Vererbung weitergegeben wird, stirbt sie nicht. Nur die Hüllen sterben.

im DNA-Molekül, der DNA-Sequenz, die Zugehörigkeit zu einer Art klar erkennbar. Zwischen den Arten hingegen gibt es größere Unterschiede. Je länger der Zeitpunkt der Artaufspaltung zurück liegt, desto weiter hat sich auch die DNA der jeweiligen Linien im Zuge der Evolution auseinander entwickelt. Daher kann man anhand der Ähnlichkeit der DNA Rückschlüsse auf die Verwandtschaft der Tiergruppen ziehen und auch den Zeitpunkt der einzelnen Aufspaltungen grob abschätzen. Dafür wird nicht die gesamte DNA analysiert, sondern es werden jeweils bestimmte, dafür besonders geeignete Teilabschnitte miteinander verglichen.

Beispielsweise unterscheidet sich das Genom, also die Gesamtheit der Gene, des Menschen von dem des Schimpansen, also unseres nächsten Verwandten, nur geringfügig, die Unterschiede liegen unter einem Prozent. Der letzte gemeinsame Vorfahre von Mensch und Schimpanse hat vor etwa fünf bis sieben Millionen Jahren gelebt. Vergleicht man hingegen das menschliche Genom mit dem eines Orang Utans, wird man einen höheren Anteil an Unterschieden zwischen den DNA-Sequenzen der beiden Arten finden. Die Linien dieser beiden Arten haben sich schon vor viel längerer Zeit, vor mindestens zwölf Millionen Jahren, getrennt.

DINOSAURIER UND NEANDERTALER: WAS ERZÄHLT UNS „ALTE" DNA? Bei unserer Arbeit kommt es auf die Qualität des vorhandenen DNA-Ausgangsmaterials an. Um es gleich vorwegzunehmen: Aus versteinerten Sauriereiern kann garantiert keine DNA gewonnen werden, ebenso wenig - à la Jurassic Park - aus in Bernstein eingeschlossenen Insekten. In beiden Fällen ist keine intakte DNA mehr vorhanden. Sie ist entweder völlig abgebaut oder chemisch verändert, so dass sie nicht mehr analysierbar ist.

Proben von lebenden Tieren eignen sich am besten für die Analyse. Aber auch aus gut konservierten Museumsexemplaren kann man noch genügend DNA extrahieren. Die Untersuchung von Fossilien ist wesentlich schwieriger. Der Erhaltungszustand der DNA hängt davon ab, wie, in welchem Boden und bei welcher Feuchtigkeit die Tiere gelagert waren. Der Zeitfaktor spielt dabei nicht immer die Hauptrolle. Es kann in einem schlecht gelagerten Museumsexemplar, das nicht besonders alt ist, keine brauchbare DNA enthalten sein, während ein Mammut aus dem Permafrostboden Sibiriens unter Umständen noch gut untersuchbar ist. Denn der organische Zerfall wird durch die kontinuierliche kalte Lagerung gebremst. Zu den ältesten Proben, deren DNA man bisher analysieren konnte, zählen Höhlenbärenknochen, die zirka 130.000 Jahre alt sind. Besonders spektakulär waren Untersuchungen von 38.000 Jahre alten Neandertalerknochen, denn im Zusammenhang mit der Hominidenevolution ist es von großem Interesse, wie nahe Mensch und Neandertaler miteinander verwandt sind. Anhand der Ergebnisse wurde abgeschätzt, dass der letzte gemeinsame Vorfahre von modernen Menschen und Neandertalern zwischen rund 700.000 und 500.000 Jahren vor heute gelebt hat. Die Ergebnisse sind allerdings umstritten, weil bei diesen Analysen die Möglichkeit der Verunreinigung mit rezenter menschlicher DNA ein großes Problem darstellt. Außerdem wird auch darüber diskutiert, in welchem Ausmaß die DNA durch die Lagerung über so lange Zeit chemisch verändert wird und so fehlerhafte Ergebnisse liefert. Ein großes

Problem beim Arbeiten mit so alter DNA ist, dass die DNA im Laufe der Zeit abgebaut wird und in kleine Stücke zerfällt. Man muss daher zuerst sehr kleine Abschnitte der DNA vervielfältigen und diese Stücke dann richtig aneinander reihen. Somit bedeutet es unheimlich viel Arbeit, aus kurzen DNA-Sequenzen puzzlesteinartig längere Abschnitte zusammensetzen. Je schlechter das zu analysierende Material, desto mehr Zeit und Geld muss man für eine Analyse aufwenden.

DAS MUSEUM ALS GENPOOL. Im Labor für Molekulare Systematik arbeiten wir in etlichen Projekten mit frischen Proben, was eine einfache Vorgangsweise bei der DNA-Analyse ermöglicht. Doch wir können und wollen nicht auf die reichhaltige Quelle an Material verzichten, die uns Museumssammlungen liefern, auch wenn dies methodisch aufwändiger ist. Die Methodik der DNA-Analyse aus Museumsexemplaren ist gut etabliert, und so können auch Arten, von denen keine frischen Proben erhalten werden können, weil sie beispielsweise in Gebieten leben, die nicht zugänglich sind, genetisch untersucht werden. Auch ausgestorbene Tiere können somit einer genetischen Analyse unterzogen werden. Eines unserer Projekte behandelte zum Beispiel die Bayrische Kurzohrmaus. Sie galt als ausgestorben und war nur mehr in Form von Museumsexemplaren verfügbar. Anhand von DNA-Analysen dieser Tiere konnten wir im Vergleich mit anderen Proben aus dem Alpenraum zeigen, dass die Art in Nordtirol noch vorkommt.

Aber auch in vielen anderen Projekten machen wir uns die Sammlungen mit ihren gut datierten Belegen zunutze. Von jedem Museumsexemplar ist Fundort und Datum bekannt, wodurch es zu einem historischen Nachweis der jeweiligen Art wird. Das bietet die Möglichkeit, historische Populationen mit heute lebenden zu vergleichen. In einem solchen Projekt analysierten wir Sakerfalken, um herauszufinden, in welchem Ausmaß künstliche Hybridisierung zwischen Sakerfalken und verschiedenen verwandten Arten, wie sie in der Falknerei Praxis ist, die natürlichen Populationen gefährdet. Denn immer wieder entfliegen solche Mischlinge, die sich dann mit wildlebenden Vögeln kreuzen. Die Fragen, die wir mittels DNA-Analyse behandeln können, sind also vielfältig.

DNA UND DIE ENTDECKUNG NEUER ARTEN. Im Zuge unserer Arbeit am Museum beschäftigt uns oft die Frage, ob Tiere, die sehr ähnlich ausschauen und eine ähnliche Lebensweise haben, wirklich nur eine einzige Art repräsentieren. Ein Beispiel dafür sind die Langohrfledermäuse. Von diesen waren in Österreich zwei Arten bekannt: das Graue und das Braune Langohr. Die beiden sehen so ähnlich aus, dass man sie kaum unterscheiden kann. Sie werden daher als kryptische Arten bezeichnet. Nun ergab sich überraschenderweise die Vermutung, dass eventuell noch eine dritte Art in Österreich vorkommt, die bis dahin unerkannt war.

Grund für diese Vermutung waren Unterschiede, die in einer morphologischen Analyse von Sammlungsexemplaren des Naturhistorischen Museums zutage traten. In freier Wildbahn sind diese Unterschiede nicht erkennbar, und selbst in der morphologischen Untersuchung werden sie nur im Vergleich großer Serien richtig interpretierbar. Erst mittels statistischer Analyse der Daten kann man erkennen, ob es sich um normale innerartliche Variation handelt oder ob die Tiere zwei oder mehreren morphologischen Gruppen zugeordnet werden können. Letzteres war hier der Fall. Nun stellte sich die Frage, ob und wie stark sich diese Gruppen genetisch unterscheiden. Neben der Möglichkeit, dass die drei Typen von Langohrfledermäusen drei Arten darstellen, wäre eine weitere Erklärung, dass die beiden bekannten Arten hybridisieren und der dritte Typ das Produkt dieser Hybridisierung darstellte. Dies ließe sich anhand der DNA entscheiden. Die genetische Analyse ergab, dass neben dem Braunen und dem Grauen Langohr in Österreich tatsächlich eine weitere kryptische Art vorkommt, das Alpen-Langohr. Die drei Arten unterscheiden sich in ihrer DNA sehr stark voneinander. Obwohl sie so ähnlich ausschauen, sind sie miteinander nur sehr weit entfernt verwandt.

Das Beispiel der Langohrfledermäuse zeigt auch, wie wichtig es ist, dass man in den Sammlungen der Museen große Serien der Arten hat. Manche Menschen mögen sich fragen, ob nicht ein Exemplar von jeder Art reicht. Doch die tatsächlich vorhandene Vielfalt wird oft erst durch Untersuchungen solcher Sammlungsserien aufgedeckt. Die Biodiversität wird meist sehr stark unterschätzt, und die Genetik ist eine Methode, mit der man diese Vielfalt nachweisen und weitergehend untersuchen kann. Gerade bei kryptischen Arten spielen molekulare Analysen eine besonders wichtige Rolle, denn sie ermöglichen zu untersuchen, ob sich morphologisch unterscheidbare Tiergruppen miteinander fortpflanzen oder nicht, also letztendlich, ob es eigenständige Arten sind oder nicht.

NACHEISZEITLICHE BERGSTEIGER. Wen interessieren schon Schnecken? Allenfalls machen sie sich als Schädlinge in unseren Gärten unbeliebt. Aber selbst begeisterte Bergsteiger, die so manche Alpenblume kennen, wissen oft nicht, an welch außergewöhnlichen Tieren sie vorbeigehen, ohne diese zu bemerken. Wir untersuchen in einem mehrjährigen Projekt die Geschichte verschiedener alpiner Landschnecken, die in den Ostalpen endemisch sind, also nur hier vorkommen. Im Fokus der Untersuchungen stehen die Zylinder-Felsenschnecke sowie Haar- und Tönnchenschnecken. Verschiedene Arten beziehungsweise Unterarten dieser Gruppen kommen ausschließlich in hohen Gebirgsregionen der Ostalpen vor. Manche finden wir aber auch in alpinen Regionen, die während der Kältephasen der Eiszeit vergletschert waren, also keinen Lebensraum für Tiere und Pflanzen boten. Erst als nach der letzten Eiszeit vor etwa 12.000 Jahren die alpinen Gletscher aufgrund der Klimaerwärmung abschmolzen, wurden diese Lebensräume wieder frei, und allmählich konnten Tiere und Pflanzen wieder einwandern. Die Wege dieser Wiederbesiedelung können aus den heutigen Verbreitungsbildern der Arten teilweise rekonstruiert werden. In der Vergangenheit wurden zahlreiche Schneckenarten und -unterarten der Alpen beschrieben. Die Unterscheidungen wurden oft hauptsächlich aufgrund verschiedener Schalenmerkmale vorgenommen, so auch bei den Arten, die wir nun untersuchen. Allerdings sind diese beschriebenen Unterschiede nicht klar nachvollziehbar und wurden bisher in keiner Studie statistisch abgesichert. Es ist daher nicht bekannt, ob es sich um eigenständige Arten handelt oder vielleicht nur um Populationen, die, zum Beispiel als Folge extremer Standortbedingungen, spezielle Merkmale aufweisen. Uns interessiert auch die Frage, wo die Arten die Kältephasen überdauerten und wie sie sich den verschiedenen klimatischen Bedingungen anpassen konnten. Dazu muss aber erst ihre Phylogenie, also die Stammesgeschichte, aufgeklärt werden. Erst wenn klar ist, wann sich welche Linien voneinander getrennt haben, lassen sich die Ergebnisse mit geologischen und paläoklimatischen Daten vergleichen und daraus Hypothesen über dieses spannende Kapitel der alpinen Fauna entwickeln. Unser Ziel ist, durch eine Kombination genetischer und morphologischer Untersuchungen diese Fragen zu klären.

Die Rekonstruktion nacheiszeitlicher Besiedelungswege verschiedener Tiergruppen in den Alpenraum bildet überhaupt einen Schwerpunkt in unserem Labor. So wurde in einem weiteren Projekt die innerartliche Variabilität verschiedener Reptilien in Österreich untersucht. Die Ergebnisse zeigen, dass manche dieser Arten, obwohl sie heute geschlossene Verbreitungsgebiete haben, den Alpenraum ausgehend von bis zu fünf unterschiedlichen eiszeitlichen Rückzugsräumen besiedelt haben.

DIE EVOLUTION DES GENOMS. Die Gesamtheit der Erbinformation eines Organismus, die in der DNA jeder Zelle vorliegt, nennt man Genom. Die Abschnitte, die wir untersuchen, sind nur ein Bruchteil des Genoms. Obwohl sie also nur eine Stichprobe der gesamten DNA darstellen, reichen sie aus, um die genetische Differenzierung zu messen. Neben der Laborarbeit und der Analyse der DNA-Sequenzen ist die eigentliche Herausforderung in unserer Arbeit die Interpretation der Ergebnisse. Das Vergleichen von DNA-Sequenzen ist ein Mittel zum Zweck, Stammesgeschichten zu rekonstruieren und Evolution auf höherer Ebene zu verstehen. Das ist unglaublich faszinierend. Durch die Fülle an unterschiedlichsten Fragestellungen im Rahmen unserer Projekte, die für sich alleine spannend genug sind, erhalten wir aber als positiven und wertvollen Nebeneffekt völlig neue Einblicke in die Evolution des Genoms. Denn durch die vergleichende Genanalyse, die einen großen Teil unserer praktischen Tätigkeit ausmacht, haben wir die spannende Möglichkeit, direkt ins Genom „hineinzuschauen" und die Ergebnisse der komplexen Mechanismen der Genomevolution wahrzunehmen. Die meisten Menschen haben noch aus ihrer Schulzeit eine mehr oder weniger vage Vorstellung von sich immer nach den gleichen Gesetzen reproduzierenden DNA-Strängen, die sich nur langsam durch sporadische Mutationen ändern. Wie wenig statisch das System ist und wie dynamisch sich Genome entwickeln, ist vielen unbekannt. Wie zum Beispiel DNA-Abschnitte ihren Platz im Genom wechseln, oder Gene vervielfältigt werden und neue Funktionen übernehmen, wie DNA-Abschnitte miteinander interagieren, das sind Vorgänge, die Molekularbiologen erst langsam zu erkennen beginnen. Und auch uns lassen die Überraschungen, die uns der Blick ins Genom gewährt, immer wieder staunen.

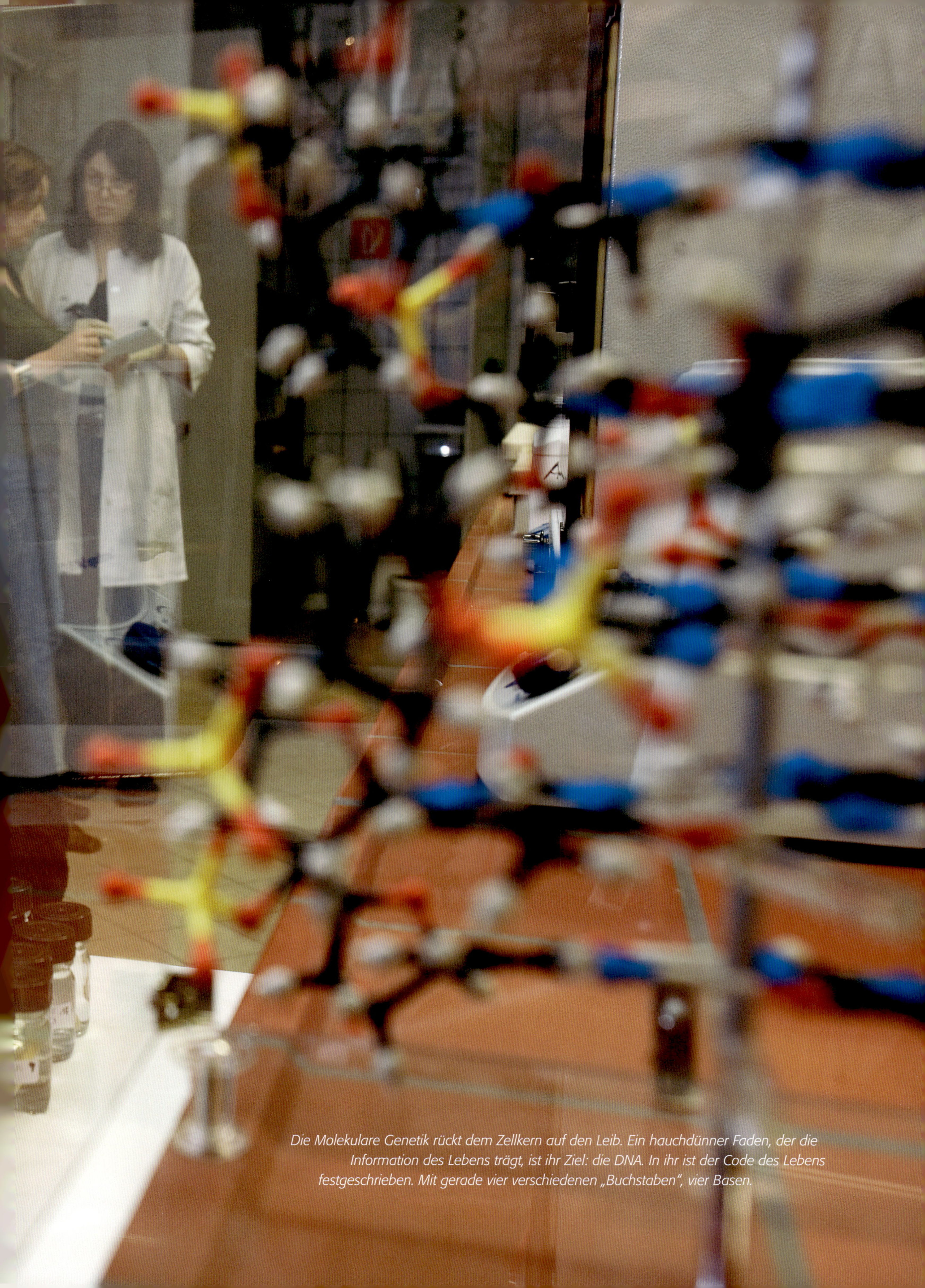

Die Molekulare Genetik rückt dem Zellkern auf den Leib. Ein hauchdünner Faden, der die Information des Lebens trägt, ist ihr Ziel: die DNA. In ihr ist der Code des Lebens festgeschrieben. Mit gerade vier verschiedenen „Buchstaben", vier Basen.

Leguan oder Lederschildkröte: Alles Leben basiert auf Zellen, deren wichtigste Bausteine Proteine, also Ketten von Aminosäuren, sind. Neben das Staunen über die Vielfalt des Lebens, tritt das Staunen über die Komplexität des Lebens auf molekularer Ebene.

Lederschildkröte
Dermochelys coriacea
Mittelmeer, Atlantischer, Pazifischer und Indischer Ozean

Alle Merkmale, die wir beobachten, die Färbung der Mördermuschel wie die Gestalt des Krakens, sind in Genen festgelegt. Veränderungen in den Genen, Mutationen, können das Leben verändern. Erfolgreiche Innovation oder Lebensunfähigkeit – alles ist möglich.

Auch bei Genen gibt es Varianten, die der Selektion Angriffsmöglichkeiten bieten. Große Populationen zeigen eine größere genetische Vielfalt als kleine. Schrumpft eine Population, verringert sich die Zahl der Variationen – die genetische Drift.

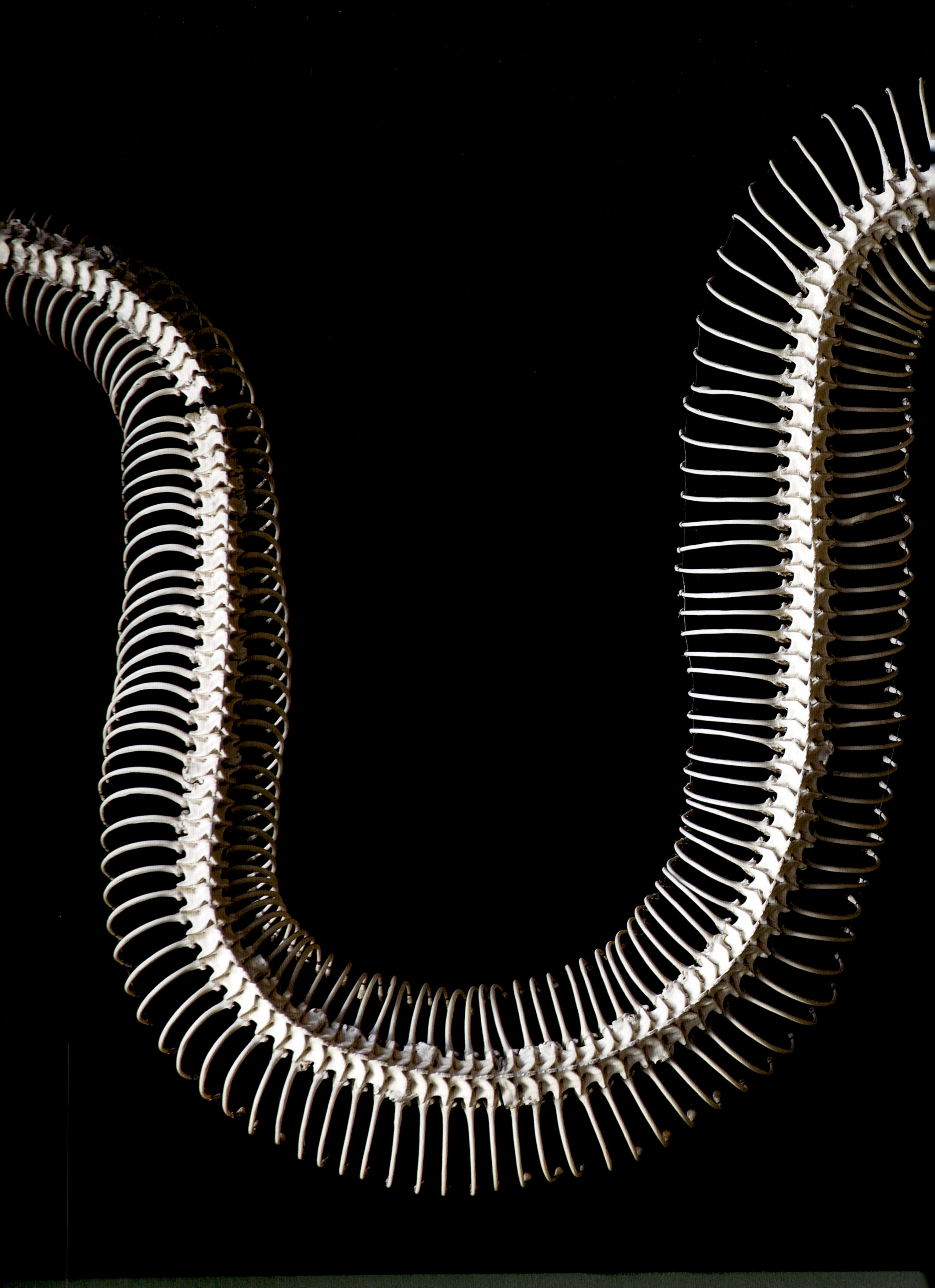

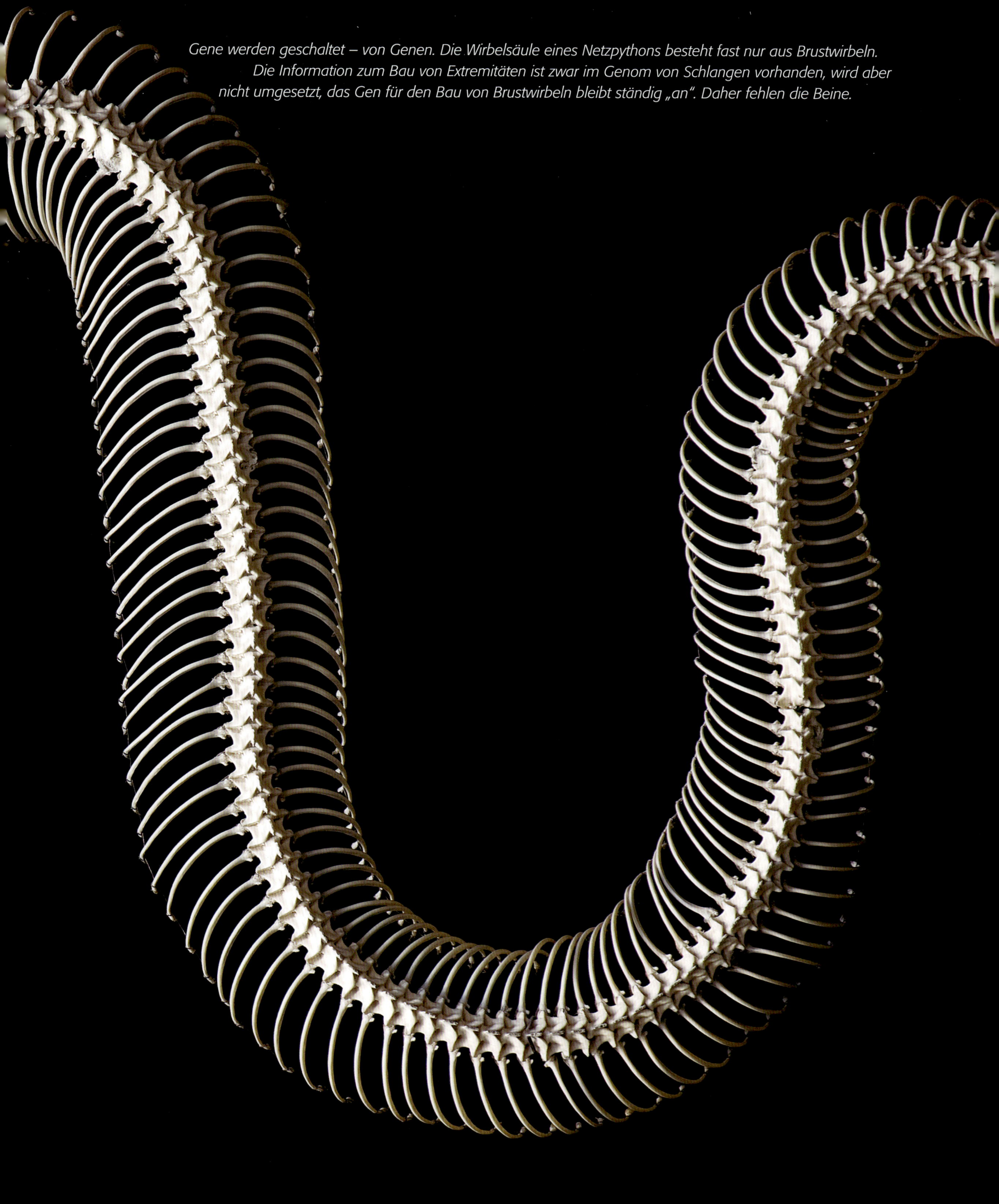

Gene werden geschaltet – von Genen. Die Wirbelsäule eines Netzpythons besteht fast nur aus Brustwirbeln. Die Information zum Bau von Extremitäten ist zwar im Genom von Schlangen vorhanden, wird aber nicht umgesetzt, das Gen für den Bau von Brustwirbeln bleibt ständig „an“. Daher fehlen die Beine.

DARWINS BESTÄTIGUNG.

GREGOR MENDEL UND DIE VON IHM ENTDECKTEN VERERBUNGSGESETZE STEHEN AM BEGINN EINER NEUEN WISSENSCHAFTSDISZIPLIN: DER GENETIK. SIE WIRD CHARLES DARWIN BESTÄTIGEN.

- In vielen Belangen war Charles Darwin seiner Zeit weit voraus, in einem wichtigen Punkt kamen Erkenntnisse, die ihn brennend interessiert hätten, zu spät. Von den Ergebnissen Gregor Mendels wusste er nichts, und die rasante Entwicklung der Genetik konnte er nicht vorhersehen.
- Meilensteine auf dem Weg einer neuen Wissenschaft: die Entdeckung der Chromosomen als Träger der Erbinformation 1902, der Mutationen als physikalische Veränderungen in Genen 1927, die DNA als Grundlage der genetischen Information 1944, die DNA-Struktur als Doppelspirale 1953. Für die Theorien Charles Darwins wurde die Genetik zur glänzenden Bestätigung. Die Verschmelzung seiner Vorstellung mit den Erkenntnissen der Genetik wird zur synthetischen Evolutionstheorie.
- Die Erkenntnisse der Molekulargenetik, das wachsende Verständnis für Aufbau und Umsetzung der genetischen Information, ermöglichte die Entwicklung gentechnischer Verfahren. Mit großen Chancen und ebensolchen Risiken.
- Und Ergebnisse aus dem Bereich der Epigenetik sorgen für Schlagzeilen: Informationen über die Regulation der Gene können auch außerhalb der DNA weitergegeben werden. Dies wird zum Teil auch von Umweltfaktoren beeinflusst. Ein Forschungsfeld, das noch für einige Überraschungen sorgen wird.

Wie können Merkmale vererbt werden? Wenn sich die Anlagen von Mutter und Vater mischen, entsteht doch irgendwann ein Einheitsbrei aller Eigenschaften? Mendel hat die Antwort gefunden: Nicht vermischt werden die Merkmale, sondern durcheinander gewürfelt.

DES PUDELS KERN.

DIE MOLEKULARE GENETIK RÜCKT DEM ZELLKERN AUF DEN LEIB. EIN HAUCHDÜNNER FADEN, DER DIE INFORMATION DES LEBENS TRÄGT, IST IHR ZIEL.

- Während die klassische Genetik versuchte, durch Kreuzungsversuche herauszufinden, wie sich Kombinationen von Genen auf bestimmte Merkmale der Nachkommen auswirken, beschäftigt sich die Molekulargenetik mit dem Kern der Sache im wahrsten Sinn des Wortes: der im Zellkern enthaltenen DNA. Ihre Vervielfältigung (Replikation) und die Umsetzung der genetischen Information sind Gegenstand der Forschungen.
- Die Entdeckung der genetischen Variabilität und deren Entstehung durch Mutationen führte zur Erklärung jener Vielfalt innerhalb einer Art, die Darwin erkannte und in ihrer Bedeutung richtig interpretierte.
- Für das Verständnis der Vielfalt des Lebens und ihrer Entwicklung brachte die Molekulargenetik wichtige Ergebnisse. Veränderungen im Erbgut (Mutationen) wurden als Ursache der Veränderungen von Lebewesen erkannt. Dass Gene in Populationen in mehreren Varianten auftreten, erklärte das Phänomen „Vielfalt". Und zufällige Änderungen in der Häufigkeit des Auftretens dieser Varianten, die genetische Drift, wurden als ein weiterer Motor der Evolution erkannt.
- Oft wurden aus äußeren Ähnlichkeiten abgeleitete Verwandtschaftsverhältnisse bestätigt, gelegentlich brachte die genetische Analyse verblüffende Resultate und hatte markante Änderungen traditioneller Vorstellungen zur Folge. So musste etwa der Stammbaum der Säugetiere neu geschrieben werden.

Die Totenmaske des Klon-Schafs Dolly, des ersten geklonten Säugetiers. Gestorben nach nur 6 Jahren, mit Symptomen, die einem doppelt so alten Tier entsprochen hätten. Machbarkeit, Moral, Verantwortung. Es stellen sich Fragen zur Gentechnik abseits der Biologie.

ZUR RECHTEN ZEIT
AM RECHTEN ORT.

EIER TRENNEN, EIKLAR ZU SCHNEE SCHLAGEN, BUTTER SCHAUMIG RÜHREN, ZUCKER UND DOTTER EINMENGEN, SCHNEE UNTERHEBEN, MEHL BEHUTSAM EINRÜHREN – FERTIG IST DER BISKUITTEIG. ABER NUR, WENN DIE GENANNTEN SCHRITTE IN DER RICHTIGEN REIHENFOLGE GESETZT WERDEN.

- Die DNA jeder Zelle trägt den gesamten Bauplan des Organismus. Viel mehr Information als nötig, wenn es darum geht, sich zu einer Muskel-, Nerven- oder Bindegewebszelle zu entwickeln. Oder wenn es gilt, Beine dort zu bauen, wo sie hingehören. Zum Bauplan des Lebens gehört auch ein Schaltplan.
- Wann eine Information tatsächlich gelesen und wo sie umgesetzt wird, entscheidet die Genregulation. Zum Ein- beziehungsweise Ausschalten eines Gens dienen oft Proteine, die sich an bestimmten Regionen der DNA, so genannten Genschaltern, anlagern.
- Forschungen in den letzten Jahren haben gezeigt: Das Ein- und Ausschalten von Genen kann abseits des eigentlichen Schaltplans auch durch äußere Einflüsse erfolgen. Änderungen in der Ernährung können etwa dazu führen, dass äußere Anlagerungen an ein Gen (Methylierung) dessen Schaltung verändern. Ein Verpackungswechsel, sozusagen. Damit beschäftigt sich die Epigenetik.
- Und: Diese Veränderungen können unter Umständen auch an einige Folgegenerationen weitergegeben werden. Vererbung ohne Veränderung des eigentlichen Gens, bedingt durch äußere Anlagerungen. Solche „epigenetische Vererbung" ist durch einige spannende Laborexperimente belegt. Weit häufiger sind jedoch statistische Beobachtungen beim Menschen, die Zusammenhänge zwischen Lebenswandel und Merkmalen der Nachkommenschaft andeuten. Experimentelle Belege für diese Beobachtungen stehen aber vielfach noch aus.

Der Hase wurde während seiner Embryonalentwicklung mit dem Gen für das grün fluoreszierende Protein GFP ausgestattet, das aus einer Qualle stammt. Er leuchtet bei blauem Licht. Künstlerische Auseinandersetzung mit dem Thema „Gentechnik".

Ein schlagender Beweis aus dem All: Meteoriten, Materie von außerhalb, unbelebt. Wie wahrscheinlich ist das Entstehen von Leben? In einem Meer aus Zeit ist es jedenfalls nicht unwahrscheinlich.

700 Millionen Jahre dauerte es, bis die Erde soweit abgekühlt war, dass sich flüssiges Wasser sammeln konnte. Nur 250 Millionen Jahre danach gab es erste einfache Einzeller. Unvorstellbare Dimensionen, ein Zeit-Raum.

Die ältesten Spuren des Lebens, Stromatolithen: Sedimentgesteine, die durch Wachstum und Stoffwechsel von Bakterien und Blaualgen entstanden sind. Ihr Alter: bis zu 3,5 Milliarden Jahre.

Drei Milliarden Jahre lang besteht das Leben aus Einzellern, dann treten erstmals mehrzellige Geschöpfe auf. Ein Quantensprung in Sachen Komplexität. Mehrzelligkeit bedeutet Aufgabenteilung und Möglichkeit zur Spezialisierung – ein Selektionsvorteil.

Ein Chamäleonschwanzskelett. In unserer Wahrnehmung dominieren Wirbeltiere die Welt, obwohl sie bei weitem nicht die artenreichste Gruppe auf diesem Planeten sind. 450 Millionen Jahre ist ihr Bauplan alt, der natürlich auch der unsere ist.

WIR MENSCHEN.

WIR SIND EINE TIERART UNTER VIELEN. EIN PRODUKT DER EVOLUTION. MIT EIGENSCHAFTEN, DIE DURCH VARIATION UND SELEKTION ENTSTANDEN SIND. DOCH WIE KAM ES DAZU? WAS MACHT MENSCHEN ZU MENSCHEN?

- Ist es der aufrechte Gang? Seine Entwicklung begann bereits vor sieben Millionen Jahren! Aus einem zunächst nur zeitweisen „sich Aufrichten", wie es auch andere Arten beherrschen, entstand schließlich der für Säugetiere einmalige permanente aufrechte Gang (Bipedie). Verbunden mit vielen Veränderungen der Muskulatur und des Skeletts.
- Macht das Gehirn den Menschen aus? Zweifellos, die rasante Zunahme des Gehirnvolumens (Encephalisation) im Lauf der Menschheitsgeschichte steht mit einer Reihe höchst menschlicher Entwicklungen in Verbindung: dem Werkzeuggebrauch, der Bildung komplexer sozialer Organisationsformen, dem Auftreten von Intelligenz und Lernfähigkeit – und mit der Entstehung der Sprache.
- Erste Ansätze einer Kultur kennen wir auch bei anderen Arten, Schimpansen etwa geben Traditionen (Gebrauch von Werkzeugen, Gruß- und Jagdverhaltensweisen) weiter. Beim Menschen aber wird der Prozess der kulturellen Entwicklung zu einem bestimmenden Element.
- Die Evolution zum Menschen ist ein zwar immer besser erforschter, aber trotz allem noch rätselhafter, ungerichteter Vorgang. Noch wissen wir nicht in jedem Fall, wann, wo und warum sich bestimmte Anpassungen als selektiver Vorteil erwiesen haben.

Der Orang Utan lebt heute vor allem auf den südostasiatischen Inseln Borneo und Sumatra. Orang Utans besiedeln den tropischen Regenwald von Meereshöhe bis in Mittelgebirgslagen. Größte Gefahr für die Orang Utans ist heute die fortschreitende Zerstörung ihres Lebensraumes.

Der Affe hält dem Menschen den Spiegel vor. Darwins Kränkung der Menschheit, vom Ebenbild Gottes zu einer Art von vielen. Was für eine Degradierung! Was für ein Missverständnis! Wir stammen nicht vom Affen ab, wir haben gemeinsame Vorfahren mit den Affen.

Orang Utan – was für ein trefflicher Name für diesen Hominiden! Er bedeutet „Mensch des Waldes". Hervorragende Anpassungen an das Leben auf Bäumen zeichnen ihn aus, seine Greifhand befähigt ihn zum Werkzeuggebrauch.

Das ausdrucksstarke Gesicht eines Gorillas. Kein Wunder, Gorillas kommunizieren miteinander mit Lauten, Körperhaltungen und Gesichtsausdrücken. Neben den Schimpansen sind sie unsere engsten heute lebenden Verwandten.

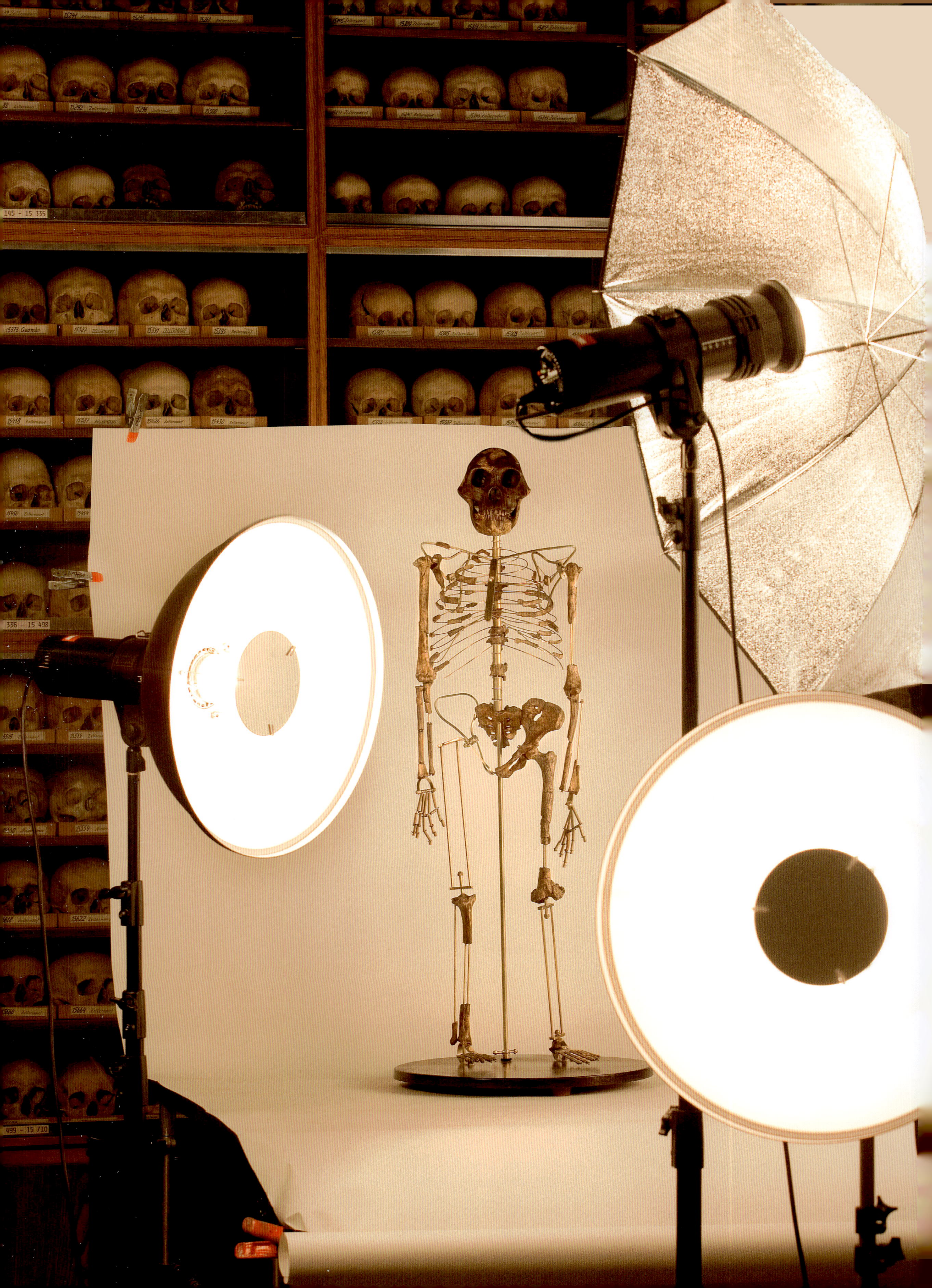
145 - 15 335
336 - 15 498
999 - 15 710

DIE EVOLUTION DES MENSCHEN

Maria Teschler-Nicola, Direktorin der Anthropologischen Abteilung

Den Menschen der Gegenwart zeichnen bestimmte genetische und morphologische Merkmale und Verhaltenseigenschaften aus, die seine Zugehörigkeit zur einen Art *Homo sapiens* begründen und ihn von seinen nächsten Tierverwandten und Vorfahren unterscheiden. Seine charakteristischen Merkmale sind entweder Ergebnis primatentypischer Evolutionstendenzen oder Neuerungen, Veränderungen und Adaptationen, die im Laufe der Zeit durch bestimmte Umweltbedingungen erzwungen wurden. Zu diesen Adaptationen gehören der aufrechte Gang, die Bipedie, und die vielen aus dieser Fortbewegungsweise resultierenden Anpassungen des Muskel- und Skelettsystems als grundlegende Merkmale. Die Herausbildung dieser unter den Säugetieren einzigartigen Fortbewegungsart dürfte vor etwa sieben Millionen Jahren begonnen haben. Eine weitere Änderung betrifft den Kauapparat, das heißt, Gebiß und Kiefer. Sie ist Folge einer Anpassung an bestimmte Nahrungsstrategien. Die dritte und markanteste Änderung betrifft die quantensprungartige Zunahme des Gehirnvolumens, die Enzephalisation und die damit verkoppelte Entwicklung von kognitiven Fähigkeiten und Verhaltensmerkmalen. Die Vergrößerung des Gehirns wird mit der Beherrschung spezifischer Technologien, dem Werkzeuggebrauch, der Vielfältigkeit sozialer Organisationsformen, Intelligenz und Lernfähigkeit sowie einer artikulierten Lautsprache assoziiert.

Die Evolution des Menschen ist ein relativ komplexer und Jahrmillionen umspannender, ungerichtet verlaufener Vorgang. Um sie als Selektionsprozeß zu verstehen, ist zu klären, wann, wo und warum sich bestimmte Anpassungen - etwa die Bewegung in aufrechter Körperhaltung - vorteilhafter gegenüber anderen erwiesen haben.

Charles Darwin, der Begründer der modernen Evolutionstheorie, konnte diese Abläufe natürlich noch nicht erkennen. Aber er hat mit seinen Forschungen, bildlich gesprochen, im Nebel der Unklarheiten eine Tür gefunden, indem er den Artenwandel und die Entstehung neuer Arten durch natürliche Selektion erklärte. Daß er sich mit Äußerungen zur Evolution des Menschen zunächst aus weltanschaulichen wie persönlichen Gründen vorsichtig zurückhaltend verhielt, gilt als allgemein bekannt. Er war vielen Angriffen ausgesetzt und es dauerte Jahrzehnte, bis die Lehre,

Lucy, gerade 1,2 Meter groß und ein Star der Anthropologie! Die Dame ist ein Australopithecus, nicht Mensch, aber Vormensch, 3,5 Millionen Jahre alt. Sie stand einst mit beiden Beinen im Leben. Aufrecht, auch wenn ihr das Gehen noch recht schwer gefallen ist.

selbst in Wissenschaftskreisen, akzeptiert war. Heute sind wir, dank der vielen fossilen Zeugnisse, dank unterschiedlicher methodischer Zugänge und auch experimentell abgesicherter Modelle in einer deutlich besseren Lage, die phylogenetischen Verhältnisse nachzuzeichnen – dennoch ist es uns nicht möglich, alle Fragen zum Ablauf der menschlichen Phylogenie beantworten.

DER AUFRECHTE GANG. Der aufrechte Gang war nicht plötzlich zu einem bestimmten Zeitpunkt da. Die Entwicklung nahm eine längere Phase in Anspruch und neuere Funde deuten darauf hin, daß diese Art der Fortbewegung durchaus auch mehrfach entstanden sein könnte. Als gesichert gilt, daß sie allen anderen morphologischen Veränderungen zeitlich voraus lief und sich bei einem vor etwa sieben bis sechs Millionen Jahren lebenden Vorfahren der Hominiden entwickelt haben muß – zu einem Zeitpunkt also, als sich die Stammeslinie von Menschen und Schimpansen - wofür auch die molekularbiologische Erkenntnisse sprechen - trennte.

Bis vor einigen Jahren waren es Fossilien der Gattung Australopithecus, die man als erste „Aufrechtgänger" identifizierte. Sie sind durch ein mosaikartiges Merkmalsspektrum gekennzeichnet, das auch einige menschenaffenähnliche Strukturen umfaßt. Das *„missing link"*, die eindeutige Übergangsform vom Knöchelgang - den wir bei den Menschenaffen beobachten - oder vom vierbeinigen Gang - der Fortbewegungsart der Affen - zur Bipedie ist allerdings bis heute nicht gefunden. Mit großem Interesse der *scientific community* wurden daher die erst vor wenigen Jahren entdeckte Fossilien aus dem Tschad, aus Kenia und Äthiopien registriert, deren Merkmale, wie die Form eines Zehenknochens oder die Dimension eines Oberschenkels, nicht nur den aufrechten Gang belegen, sondern mit ihrem Alter von sechs bis sieben Millionen Jahren auch dem Ursprung der menschlichen Linie sehr nahe kommen. Unabhängig von der Diskussion um die Deutung und Zuordnung dieser Fundstücke zu „Aufrechtgängern", interessierte natürlich die Frage, wie aufrechter Gang überhaupt entstanden sein kann, das heißt, welcher Selektionsdruck war maßgeblich für diese Verhaltensänderung? Noch vor wenigen Jahren wurde ein Modell, das die Klimaveränderung und Versteppung zuvor bewaldeter Regionen in den Brennpunkt rückte, bevorzugt. Eine solche Region repräsentierte zum Beispiel der Ostafrikanische Grabenbruch. Hier sollten die Vormenschen zur aufrechten Fortbewegung übergegangen sein, da sie hohe Steppengräser besser überblicken und auch Feinde wie Raubtiere schneller wahrnehmen konnten. Heute wird die Entstehung des aufrechten Ganges mit einem Biotop korreliert, das aus Galeriewäldern in Flusslandschaften beziehungsweise einem seenahen Umfeld mit Feuchtwiesen bestanden haben könnte. Die geologischen und klimatischen Gegebenheiten, welche für die Zeit vor etwa sechs Millionen Jahren für den Tschad rekonstruiert wurden, scheinen stimmig. Eine solche Umgebung eröffnete den Vormenschen, zu deren bekanntesten und im fossilen record sehr gut dokumentierten Vertretern auch die etwas jüngere Gattung der Australopithecinen gehört, die Möglichkeit, sich sowohl terrestrisch - zweibeinig auf dem Boden - sowie arborikol - hangelnd und kletternd in den Bäumen - fortzubewegen. Die mosaikartige Skelettmorphologie dieser Geschöpfe, die sowohl Komponenten für Bipedie wie Klettern umfaßt, scheint diese Fähigkeit abzubilden.

Historisch betrachtet, war die Frage nach dem „Warum“ einer solchen Entwicklung bereits ein Thema, als man die Verwandtschaft des Menschen mit dem Menschenaffen erkannte. Charles Darwin selbst hat 1871 bereits das Freiwerden der Hände, die dann für die Herstellung von Werkzeugen verwendet werden konnten, postuliert. In der Zwischenzeit wurden viele, mehr oder weniger plausible, zum Teil auch in quantitativen Experimenten geprüfte Modelle entwickelt, welche versuchen, die Entwicklung des aufrechten Ganges der frühen Hominiden zu erklären. Ein überwiegender Teil der Modelle stellt ein geändertes Sozialverhalten oder die Nahrungssuche an den Beginn: Eines der aktuellen Modelle, welches dem Sozialverhalten den Vorrang gibt, ist das so genannte „Paarbindungs-Modell“. Es geht davon aus, daß die frühen Hominiden bereits in Familienverbänden gelebt hatten und die Weibchen von den Männchen mit Futter versorgt wurden. Der aufrechte Gang sollte es den Männchen dann möglich gemacht haben, größere Futtermengen zu tragen und damit den Aufwand der Weibchen für die Versorgung der Kinder zu reduzieren – was wiederum die Aufzucht einer größeren Anzahl von Kindern zuließ. Auch das Tragen der Kinder wird als einer der Hauptgründe für die Entwicklung des aufrechten Ganges angesehen. Im Gegensatz dazu gehen Modelle, welche den Nahrungserwerb ins Zentrum ihrer Überlegungen rücken, beispielsweise davon aus, daß aufrechte Körperhaltung ein leichteres Pflücken der Früchte von Bäumen, einen effizienteren Transport von Beute oder auch eine bessere Fortbewegung in seichten Gewässern, um nach Nahrung tasten zu können, ermöglichte. Generell wird angenommen, daß ein hoher Selektionsdruck den Bewegungsapparat konstruktiv und damit auch energetisch verbessert hat, sobald die Fähigkeit, sich biped geschickt fortzubewegen einmal etabliert war. Zweibeiniges Laufen des Menschen erfordert lediglich ein Viertel der Energie, die ein auf vier Beinen laufender Schimpanse benötigen würde. Sie ist daher unter manchen Bedingungen von Vorteil.

Eines der interessantesten und im Experiment geprüften Modelle stellt jenes der „Verringerung der Sonneneinstrahlung“ auf die Körperoberfläche dar. Es geht von der Idee aus, daß bei aufrechtem Gang die Sonneneinstrahlung geringer ist als beim Gang auf vier Beinen, da nur eine geringere Körperoberfläche exponiert ist. Diese Strategie bringt einen thermoregulatorischen Vorteil, eine Verminderung der thermalen Streßbelastung, welcher der Organismus in offenen äquatorialen Graslandschaften ausgesetzt war. Nach Berechnungen kann die Sonneneinstrahlungsbelastung durch die bipede Fortbewegung tatsächlich um 90 Watt pro Tag reduziert werden. Bei dieser Form der Fortbewegung ist der Großteil der Körperoberfläche auch weiter vom Boden entfernt und damit einem günstigeren Mikroklima mit günstigerer Lufttemperatur und –zirkulation ausgesetzt. Die geringere Hitzebelastung eines Bipeden erhöht die Unabhängigkeit vom Schattensuchen und ermöglicht ihm daher längere Aufenthalte in der offenen Savanne und eine Ausdehnung seiner Futter-Suchbereiche.

Alle genannten und noch viele weitere Modelle sind hypothetisch, möglicherweise waren auch mehrere Faktoren mit unterschiedlichen Anteilen an der Entstehung der Bipedie beteiligt. Eine wissenschaftlich gesicherte Antwort auf die Frage nach dem Auslöser beziehungsweise

Was macht den Menschen zum Menschen? Die Entwicklung des aufrechten Gangs ist einer der Meilensteine auf dem Weg zu uns. Die Entwicklung des Gehirns ein weiterer. Damit verbunden: Der Umbau des Schädels, die Verkleinerung des Gebisses macht Platz für mehr Hirn.

Selektionsdruck für die Entwicklung dieser Fortbewegungsweise ist auch heute, 130 Jahre nach Darwin, noch nicht möglich. Wir wissen aber, daß der aufrechte Gang den beiden anderen Trends in der menschlichen Phylogenese, der Spezialisierung des Kauapparates und der Vergrößerung des Gehirnvolumens zeitlich voraus lief.

DIE SPEZIALISIERUNG DES KAUAPPARATS. Bereits ein oberflächlicher Blick auf den Schädel eines Menschenaffen macht den Unterschied im Kiefer- und Zahnapparat zwischen Mensch und Menschenaffe deutlich. Außerordentlich auffällig ist die Größenreduktion der Eckzähne, aber auch die Dimension der Backenzähne ist, relativ zum Körpergewicht, deutlich reduziert. Damit verbunden ist auch eine Verkleinerung des gesamten Zahnhalteapparates, wie des Gesichtsschädels. Und, wie im Falle der Bipedie, stellt sich die Frage, wie, warum und wann diese Adaptationen, die wir bereits bei den frühesten Hominiden, etwa bei *Sahelanthropus tschadensis* oder *Australopithecus afarensis* erkennen können, entstanden sind. Es handelt sich offensichtlich um Ernährungsanpassungen, denn die Hauptfunktion der Zähne besteht im Beißen und Zerkauen der Nahrung. Bei den größeren Schneidezähnen der Menschenaffen dürfte es sich um eine Anpassung an Nahrung handeln, die man abbeißen mußte, zum Beispiel Früchte. Die Verkleinerung der Schneidezähne im Laufe der Evolution ist nicht linear vor sich gegangen; sehr frühe Arten, wie die Australopithecinen, besaßen zum Beispiel sehr kleine Schneidezähne, während die viel später lebenden Neanderthaler deutlich größere besaßen. Die Eckzahnreduktion ist zwar ebenfalls als Nahrungsadaptation zu verstehen, allerdings komplexer abgelaufen, da hier auch noch der Geschlechtsdimorphismus berücksichtigt werden muß, der wiederum mit der sozialen Organisation der Gruppe zusammenhängt.

Am anschaulichsten sind die Nahrungsadaptationen bei den Vertretern der Gattung der Australopithecinen zu erkennen. Die frühen, grazileren Australopithecinen mit ihren im Vergleich zu den Menschenaffen verkleinerten Zähnen, kann man als Generalisten, was ihre Ernährung betrifft, bezeichnen. Sie dürften alles konsumiert haben, was ihnen in die Hände fiel: Früchte, Nüsse, Wurzeln, auch tierisches Protein in Form von Insekten und kleinen Wirbeltieren. Die Bezahnung der späteren, robusten Australopithecinen hingegen ist deutlich spezialisiert und durch kleine Schneide- und Eckzähne sowie – verglichen mit dem heutigen Menschen – extrem vergrößerte Backenzähne gekennzeichnet. Zusätzlich ist auch der Zahnschmelz stark verdickt. Diese Befunde deuten auf den Konsum härterer Nahrung hin, für deren Zerkleinerung sehr hohe Kaudrücke erforderlich waren. Die Nahrung dieser Hominiden mit ihrem adaptierten, quasi zur „Kaumaschine" umfunktionierten Gesichtsschädel ist vermutlich aus dem Konsum von Pflanzen und Wurzeln begründbar. Nur für eine solche Art von Nahrung bieten große Zähne, ein großer Kauapparat und starke Kaumuskel einen Selektionsvorteil. Der Ansatz der Kaumuskel ist bei diesen Hominiden sogar vergrößert und bildet leistenförmige Strukturen am Scheitel und Hinterhaupt. All diesen Spezialisierungen liegt eine veränderte Umwelt zugrunde, die man unter anderem aus dem Vorkommen und der Art der im fossilen Fundverband dokumentierten Begleitfauna - etwa Kleinsäugern und Antilopen - rekonstruieren kann.

Evolutionsbiologisch interessant ist die Tatsache, daß die Verkleinerung der Zähne und des Zahnhalteapparates noch andauert, was mit unserer heutigen Art der Nahrungszubereitung zusammen hängt.

ERSTE WERKZEUGE UND VERGRÖSSERUNG DES GEHIRNS. Menschen unterscheiden sich von Menschenaffen und anderen Tieren auch und insbesondere durch ihr Gehirnvolumen. Als Maß wird der sogenannte Enzephalisationsquotient – EQ verwendet. In seine Berechnung wird auch das Körpergewicht einbezogen. Im Verlaufe der menschlichen Evolution hat sich der EQ um das mehr als dreifache vergrößert. Der Vorgang verlief, was die vielen fossilen Belegstücke zeigen, sprunghaft und läßt sich mit verschiedenen Verhaltensänderungen der Hominiden in Verbindung bringen.

Als gesichert gilt, daß ein größeres Gehirn komplexeres Lernen und Verhalten erlaubt. Die Frage nach dem Stimulans beziehungsweise dem Selektionsdruck, der den Vorgang der Vergrößerung des Gehirns in Gang setzte und weiterbeförderte, ist aufgrund der Komplexität des Zusammenwirkens mehrerer Faktoren, zu denen auch die Ernährung gehört, nicht einfach zu beantworten und kann hier nicht erschöpfend behandelt werden. Neuere Analysen zeigen, daß sich der EQ der Australopithecinen noch im Bereich der Menschenaffen bewegt und seine erste sprunghafte Zunahme mit dem Auftreten der Gattung *Homo/Homo habilis, Homo rudolfensis,* vor etwa zwei Millionen Jahren, korreliert. Da man bei diesen Fossilien auch Werkzeuge fand, wird dieses Phänomen mit der Werkzeugherstellung in Verbindung gebracht. Der zweite Sprung in der Volumszunahme wird bei Fossilien beobachtet, die auf ein Alter von etwa 500.000 Jahren datieren und als Vorfahren der Neandertaler gelten. In dieser Zeit finden wir die ersten Hinweise auf Feuernutzung und organisierte Großwildjagd, also geänderten Jagdstrategie, neue soziale Interaktionsformen, für die vermutlich auch die Sprachentwicklung eine Rolle spielte.

Die Gattung *Homo* ist aber nicht nur durch ein vergrößertes Gehirn charakterisiert, sondern auch durch einen modifizierten Körperbau mit langen schlanken Extremitäten. Sie befähigten ihn, längere Distanzen durch Gehen und Laufen zurückzulegen und andere Kontinente und letztlich alle ökologischen Nischen zu besiedeln. Als bekanntes und bestes Beispiel für diese Anpassung gilt das auf 1,6 Millionen Jahren datierte und fast vollständig erhaltene Skelett eines 12jährigen Kindes, „Turkana-Boy" genannt, da es am Ufer des Turkanasees entdeckt wurde. Sein Körperbau entspricht bereits weitgehend dem des modernen Menschen *Homo sapiens.*

NEANDERTALER UND HOMO SAPIENS – EINE BESONDERE BEZIEHUNG. Am Naturhistorischen Museum wird seit dem Ende des 19. Jahrhunderts eine Gruppe von menschlichen Fossilien aufbewahrt, die aufgrund ihrer Datierung von 31.000 Jahre vor heute, für die Frage nach der Ablöse der Neandertaler und die Ausbreitung des modernen Menschen in Europa eine zentrale Rolle spielen. Es handelt sich um Überreste von mehreren Individuen, Schädel-, Zahn- und Kieferreste sowie Körperskelettteile von mindestens fünf Individuen, die 1881/82 zusammen mit Tierknochen, Stein- und Knochengeräten aus der mährischen Höhle von Mladeč/Lautsch geborgen wurden, ein Fund, im wissenschaftlichen Wert vergleichbar mit der Venus von Willendorf. Der

Neolith.

Fund wurde 1882 im Auftrag des damaligen ersten Direktors Ferdinand von Hochstetter, von seinem Assistenten Josef Szombathy geborgen. Es galt, die Höhle vor privaten Plünderern zu bewahren und wissenschaftliche Untersuchungen vorzunehmen, bevor die Fundstätten zerstört waren. Szombathy hat gleich bei seiner ersten Grabungskampagne einen fast komplett erhaltenen Schädel entdeckt und im Jahr darauf noch eine ganze Reihe weiterer Fossilien. Diese hat er, weil es damals so üblich war, ans zentrale K. u. k. Museum gebracht, wo sie seit dieser Zeit deponiert sind.

Um 1880 war der Wissenschaft nicht klar, ob es möglich ist, dass diluviale Tiere, wie das Mammut, gleichzeitig mit menschlichen Resten vorkommen könnten. Das hat Szombathy, der den Schädel als Homo sapiens eingestuft hat, mit seinen Grabungen beweisen wollen. Im Prinzip ist der Durchbruch in dieser Frage erst um 1900 mit den fossilen Funden in Krapina in Kroatien gelungen. Da gab es dann, anhand der aufeinander folgenden Schichten, tatsächlich den Beweis dafür, dass es die Assoziationen diluvialer Tiere mit dem Menschen gibt. Man konnte anhand der Schichten weiters wirklich erkennen, wie sich einzelne Arten weiter entwickeln.

Die Bedeutung dieses in unserem Haus gelagerten Fundes ist, dass die Knochen als fossiler Homo sapiens erkannt wurden und die Geräte, die dabei entdeckt wurden, der Periode zugeordnet werden, die mit dem Auftreten des Homo sapiens assoziiert ist. Diese Zeitperiode begann vor zirka 40.000 – 37.000 Jahren und dauerte bis etwa 28.000 Jahre vor heute. Das ist die früheste Phase der jüngeren Altsteinzeit, welche an die Neandertalerkultur anschließt. Damit zählt er zu den wenigen fünf oder sechs Fundensembles in Europa, die sicher datiert sind. Das ist aber auch die Zeit, die genau die Frage beantworten kann, was mit den Neandertalern passiert ist, also die Zeit, wo sich Neandertaler und Homo sapiens überlagern. Der Fund von Mladeč/Lautsch ist morphologisch und anatomisch als früher Homo sapiens zu bezeichnen. Er spielt in diese Transitionsperiode des Neandertaler/Homo sapiens - Überganges hinein und ist deswegen so wertvoll.

Morphologisch sind diese Funde unzweifelhaft dem modernen Menschen zuzuordnen, einige von ihnen sind aber auch besonders robust und zeigen Neandertaler-Affinitäten. Dies und die Tatsache, dass es nur wenige vergleichbare und gut datierte Funde gibt, welche die Vorgänge an dieser Übergangsperiode erklären könnten, rückt diesen in Wien deponierten Fossilienschatz in den Brennpunkt aktueller, internationaler wissenschaftlicher Dispute. Interessanterweise liefern diese Objekte sowohl den Anhängern des „Out-of-Africa"-Modells als auch jenen, die dem „Multiregionalen"-Modell der Entstehung des Homo sapiens den Vorzug geben, den Beweis. Aber weder über die Analyse der Morphologie noch über die vielversprechende Analyse der Kern-DNA ist diese Kontroverse im Moment zu bereinigen.

Der Turkana-Boy, ein früher Homo, ein Mensch. Gestorben vor 1,6 Millionen Jahren im Alter von Zwölf. Sein Hirn ist schon etwa halb so groß wie unseres, lange Beine, relativ kurze Arme, ein perfekter Aufrechtgeher zu ebener Erde. Bäume sind out.

KULTUR – DAS ENDE DER EVOLUTION?

UNERHÖRTES TUT SICH BEIM MENSCHEN: „KULTUR". UND DIE GREIFT SEIT ZIGTAUSEND JAHREN ZUNEHMEND IN DIE NATÜRLICHE EVOLUTION EIN. DAS ENDE DER EVOLUTION?

- Evolution gibt zufällig entstandene Neuerungen im Generationentakt weiter, gefiltert durch Selektion. Kultur ist ungleich schneller: Neue Techniken, neue Verhaltensweisen können sofort übermittelt werden.
- Die Sprache revolutioniert den Informationsfluss. Lernen kann jetzt jeder von jedem, unmittelbar. Die Schrift macht uns schließlich unabhängig von der Speicherkapazität des Gehirns. Das Tempo der kulturellen Evolution wird schwindelerregend.
- Bevor die Selektion greifen kann, hat die Kultur schon Lösungen gefunden. Obsidianmesser statt stumpfer Zähne, Brillen für Kurzsichtige, Heilmittel für Kranke. Hat sich der Mensch also aus der Evolution verabschiedet?
- Nein! Auch wenn Gendrift und Mutationen in unseren riesigen Populationen keine große Rolle spielen: Die Medizin hat zwar eine Reihe von Krankheiten eliminiert beziehungsweise überlebbar gemacht, aber mit der gesteigerten Lebenserwartung sind neue Krankheiten aufgetaucht.
- Errungenschaften der kulturellen Evolution haben den Menschen zum lebenslangen Nesthocker gemacht, ihn von Einflüssen des Klimas und der Umwelt nach Möglichkeit unabhängig gemacht. Und dabei die Umwelt und das Klima ruiniert.
- Die Evolution steht nicht still. Die kulturelle Evolution ist unser Fluchtversuch vor der Selektion.

Voraussetzung für die Entwicklung komplexer sozialer Interaktionsformen des Menschen war die Erfindung der Sprache. Das so genannte Sprachgen, das für den Spracherwerb wichtig ist, besitzen aber auch viele Vögel, Wale und Fledermäuse.

WELCH UNVORSTELLBARES BEMÜHEN…

Martin Lödl, Direktor der 2. Zoologischen Abteilung

Es war ein Physiker, der Inhaber des legendären Newton-Lehrstuhles, Stephen Hawking, der die wohl bedeutendste Frage der Menschheit stellte: „Warum muss sich die Materie den Qualen des Seins unterziehen?" Eine Frage, die für die Physik – im Großen wie im Kleinen, die anorganische und organische Chemie und natürlich für die gesamte Biologie von fundamentaler Bedeutung ist.

WELCH UNVORSTELLBARES BEMÜHEN! Seit Äonen quälen sich Trägerhüllen aus komplexen Zellverbänden durch einen Zustand, den wir Leben nennen, in dem fortgesetzten Bestreben einen winzigen Teil ihrer selbst, ihr genetisches Material, an Nachkommen weiterzugeben. Ein riesiger, gnadenloser Fleischwolf, der die Keimbahn mit ihren milliardenfachen Enden und Ästen vorantreibt und vor sich herschiebt. Scheinbar immer nur ein Ziel vor Augen: jede Nische zu nutzen und jedes Chromosom, jedes Gen zur Weitergabe zu bringen. Dafür wird gekämpft, gemordet, geliebt, gehasst und um Energiereserven gerungen. Und all das vor einer unbeeindruckten Kulisse – den Meeren, verzehrender Hitze und unduldsamer Kälte, den Bergen und Tälern und Flüssen, die sich ebenso wandeln im Laufe der Zeit wie das Leben selbst. Der Mensch ist das erste Lebewesen, das aufgrund seines Bewusstseins begonnen hat, das Innere des Fleischwolfs zu bearbeiten. Mit mechanischen, medizinischen und gentechnischen Mitteln wird an den Lochscheiben, den Hindernissen auf unserem Evolutionsweg gefeilt, wird an der „Schöpfung" gearbeitet. Die Unsterblichkeit der Keimbahn ist tot, es lebe die Unsterblichkeit der Bewusstseins!

SCHÖPFUNG! Ein schöner Gedanke, geboren aus unserer unstillbaren Sehnsucht. Gegründet auf der vorerst höchsten Stufe der Seinsentwicklung, dem menschlichen Bewusstsein. Allein, die Natur spricht eine andere Sprache. Es ist Charles Darwin zu verdanken, dass er uns befreit hat von dem Gedanken an eine unwandelbare Schöpfung, dass er erkannt hat, dass sich Lebewesen im Laufe der Erdgeschichte aus anderen Lebewesen weiterentwickelt haben und dass dieser langsame, sehr langsame Prozess auf Gesetzmäßigkeiten beruht. Die Entwicklung des Lebens aus einfachen Einzellern bis zu uns Menschen als eine riesige Geschichte der Verwandtschaften, fußend auf Mutation, Selektion und Isolation. Durch Darwin wurde der Mensch befähigt seinen

Werkzeuggebrauch gibt es bei mehreren Tierarten, aber nur der Mensch benutzt Werkzeuge zur Herstellung von Werkzeugen. Die Herstellung einer scharfkantigen Steinklinge verlangt Intelligenz, Planung, Geschick und Technik.

Brüdern und Schwestern im Tierreich die Hand zu reichen. Die Evolutionstheorie war geboren! Heute erkennen wir, dass die Evolution in mehreren großen Phasen verlaufen ist:

• Die erste ist die präbiotische Phase. Die Materie erwarb die Fähigkeit zu kodieren und sich zu duplizieren. Die chemische Evolution brachte Großmoleküle hervor, die die identische Weitergabe von Information ermöglichte.

• In der zweiten Phase erwarb die Materie die Fähigkeit, sich selbst mit Energie zu versorgen. Dies war die Geburt der Lebewesen als Trägermedien der sich duplizierenden Molekülstränge. Diese Phase erfolgte in zwei wesentlichen Stufen: Erstens die Entwicklung der Zellen als energetisch selbständige Träger des Lebens. Drei Milliarden Jahre folgte die monotone Phase der Einzeller. Und zweitens die Erfindung von Sex. Diese Phase ermöglichte durch Rekombination eine dramatische Beschleunigung der Informationsvielfalt, war es doch nunmehr möglich in kurzer Zeit viele unterschiedliche Varianten zu erzeugen, die sich in der natürlichen Umgebung bewähren konnten.

• Die Materie erwarb die Fähigkeit sich selbst zu simulieren. Der Mensch – und nur der Mensch - erlangt das Bewusstsein und beschleunigt dieses fortlaufend durch neue Trägermedien: Wort und Schrift erweisen sich als die Basis der memetischen Evolution.

Vor Darwin war es Jean Baptiste Lamarck, der den Gedanken einer Evolution der Lebewesen in eine verständliche Form goss. Sein Gedanke, dass es eine unmittelbare Rückwirkung von Umweltfaktoren und geübten Verhaltensweisen auf die Vererbung von Merkmalen gäbe, begründete den bis heute bekannten Lamarckismus. Dies hat sich als trügerisch erwiesen, bis heute konnte der Lamarckismus in dieser direkten Form nicht nachgewiesen werden. Obgleich die Zeit im 19. Jahrhundert reif war für die Überlegungen zur Wandelbarkeit der Natur (in der Lebewesenwelt ebenso wie in der Geologie und der Astronomie) und obwohl auch andere Biologen, wie Alfred Russell Wallace, unabhängig von Darwin zu den Grundgedanken der Evolution fanden, so ist es doch letztlich Charles Darwin gewesen, der den Schritt gewagt hat und diese zweifellos umwälzenden Gedanken an die Öffentlichkeit brachte.

Die Weltumseglung mit der Beagle, an der der junge Darwin teilnahm, sollte den Ausgangspunkt für Darwins Erkenntnisse darstellen. Berühmt geworden sind die Galapagos Inseln vor der Küste Südamerikas. Hier entdeckte Darwin die verschiedenen Panzerformen der Riesenschildkröten und sammelte auch die Vielzahl unterschiedlicher Darwinfinken, die durch Radiation alle denkbaren ökologischen Nischen der Inseln besiedelt hatten. Vor der schroffen Kulisse der Lavaformationen fand Darwin den Schlüssel, ohne zu diesem Zeitpunkt noch zu ahnen, wie viel an Erkenntnis sich für ihn noch öffnen würde.

Im auslaufenden 19. Jahrhundert nahm die Evolutionstheorie immer mehr Gestalt an. Zunächst erfuhr sie wesentliche Unterstützung durch Johann Gregor Mendel, der die Erbgesetze entdeckte. In Deutschland wurde der Darwinismus durch Ernst Haeckel gefestigt. Seine biogenetische Grundregel, die besagt, dass sich die Stammesgeschichte noch einmal zeitrafferartig in der Embryonalentwicklung der Lebewesen wiederholt, wurde bald heftig kritisiert. Sie wird heute nur noch in Ansätzen akzeptiert. Die Kontinentalverschiebungstheorie von Alfred Wegener öffnete schließlich am Anfang des 20. Jahrhunderts auch den Blick für die geologische Evolution. Das Tor war geöffnet für die Analyse der vielen paläontologischen Befunde.

SURVIVAL OF THE FITTEST. Das weltbekannte Zitat Darwins vom Prinzip des „Survival of the fittest" stammt ursprünglich vom englischen Sozialphilosophen Herbert Spencer und wurde erst später von Darwin übernommen. Es wird im Deutschen gern als „Überleben des Stärksten" übersetzt. Das ist eine falsche Interpretation: es überlebt in der Natur nämlich der „gerade gut genug Angepasste". Die Natur ist eine riesige Bühne des Mittelmaßes und nicht der Perfektion, sehr viel evolutionärer „Schrott" wird ebenfalls weitergegeben, und es überwiegt das „unintelligent design", das kann man tausendfach belegen. Als ein Beweis dieser These sei hier der Schmerz angeführt. Schmerz ist von Biologen und Medizinern zwar ein oft hoch gelobtes Phänomen, weil Schmerz gerne als ein „notwendiges" Übel angesehen wird. Die Schmerzerzeugung ist in der Natur unglaublich gut gelungen, nur manchmal zu gut. Ohne Schmerz würden wir uns permanent verletzen, und wir würden es gar nicht bemerken. Eine andere Frage ist natürlich die Ausformung des Schmerzes. Schmerz war in der Evolution ein Minimalkonzept. Es musste der Schmerz – oder generell gesprochen Leid oder Unlust – entwickelt werden, weil ansonsten selbstverständlich keine Kontrolle des Organismus' über seine eigene Befindlichkeit möglich gewesen wäre. Aber die Art, wie sich Schmerz äußert, ist in vielen Fällen dumm und unintelligent und weist darauf hin, dass nur dieses Minimalkonzept des „gerade gut genug Angepassten" überlebt hat. Schmerz musste sein, er ist es aber mit einer ganzen Fülle an Unannehmlichkeiten, die völlig unnötig sind. Denken wir dabei zum Beispiel an den Phantomschmerz: Verliert ein Lebewesen ein Körperglied – und das passiert Tieren genauso wie uns Menschen – dann quälen uns über viele Jahre Phantomschmerzen – ein völlig sinnloser Vorgang. Würde also tatsächlich immer der Bestangepasste überlebt haben und seine Erbinformation weitergegeben haben, dann hätten wir heute von Natur aus diesen Zustand erreicht, den wir mit der Medizin zu erreichen versuchen: Wir beseitigen den Schmerz, nachdem wir die Information über die Ursachen desselben zur Kenntnis genommen haben, wir schalten den Schmerz mit Hilfe von Medikamenten aus oder dämpfen ihn, da er in weiterer Folge unnötig ist. Dazu kommt, dass in einzelnen Bereichen die Schmerzen überproportional stark sind, nur weil an bestimmten Körperstellen die Dichte an feinen Nervenbahnen besonders hoch ist und dadurch Schmerzmeldungen auslösen, die in keiner Relation zum Defekt stehen. Erst mit der heutigen Medizin machen wir das, was wir von einem bestangepassten Organismus erwarten würden: Wir fassen Schmerz als eine notwendige Information über den Zustand des Körpers auf, und beseitigen ihn medikamentös, bis wir die Ursache behoben haben.

Und dann gibt es einen zweiten Hinweis auf dieses unintelligente Design: die Krebserkrankungen, die sehr schwere, fundamentale Erkrankungen sind, welche sehr lange völlig schmerzfrei verlaufen und deshalb auch sehr lange nicht entdeckt werden. Krebs ist ein körpereigener Wachstumsprozess, der unkontrolliert und überbordend verläuft, die sich massenhaft teilenden Zellen

Feuerstein, große Härte und berechenbare Spaltbarkeit machten ihn zu einem der wichtigsten Werkstoffe der Steinzeit. Und zum fixen Bestandteil des Steinzeitlichen Feuerzeuges, das neben Feuerstein auch aus Zunder und Pyrit bestand.

schmerzen erst in einem sehr weit fortgeschrittenen Stadium. Oft treten hier die Schmerzen erst auf, wenn es zu spät ist.

DIE NATUR IST GRAUSAM. Prinzipiell können wir unsere Umwelt ja nur in den Spektren wahrnehmen, in welchen wir auch ein entsprechendes Sensorium besitzen, also ein Nervengeflecht, das uns Informationen aus der Umwelt liefert. Das können Lichtwellen, Wärme, Geräusche oder mechanische Reize sein. Wird ein Reiz „übertrieben", dann wird er als Schmerz wahrgenommen. Liegt der Reiz in einem positiven Bereich, dann befinden wir uns innerhalb des Komfortspektrums, in welchem wir unseren Körper normalerweise gar nicht spüren.

Nun stellt sich die Frage, warum es der Natur im Laufe der Evolution nicht gelungen ist, die Reizübermittlung zu perfektionieren, das heißt, den Schmerz zu verringern, um das Leid bei Tieren und Menschen zu verringern? Weil in der Natur alle Lebewesen zu Fortpflanzung kommen, die grundsätzlich ein Sensorium haben, unabhängig davon, ob sie es perfektioniert haben. Der Natur – was immer man darunter verstehen mag – ist es völlig egal, ob ein Organismus Schmerzen leidet, denn die Natur ist vom Grundsatz her – aus menschlicher Sicht beschrieben - „grausam". Denken wir an eine uns angenehm erscheinende Blumenwiese, wird die Funktionsweise der Natur deutlich: als „grausam" ineinander verschachtelte Nahrungskette ist die Wiese eine Vernetzung von gegenseitigen Ernährungszuständen, Abhängigkeiten und Ausbeutungen, Tiere leben voneinander und von Pflanzen. Lediglich Pflanzen sind autotroph – sie ernähren sich von anorganischer Materie mittels Licht und sind deshalb überwiegend nicht „grausam".

Dabei gibt es in der Natur klarerweise keine moralischen Bewertungen. Erst durch unser Bewusstsein und die Spiegelung der Umwelt kommt es zur Bewertung durch uns Menschen. Die Natur lässt gleichgültig all jene am Leben, die „gerade gut genug angepasst" sind und schafft damit viele Unzulänglichkeiten. Diese Gleichgültigkeit zeigt die Natur selbstverständlich auch uns Menschen gegenüber. Um es mit den Worten von Franz Wuketits, Professor an der Universität Wien, auszudrücken: „Wir müssen uns wohl mit dem Gedanken anfreunden, in einer durch und durch sinnlosen Welt zu leben." Das sollte uns aber nicht depressiv stimmen, denn den Sinn geben wir uns schon selbst. Wir besitzen nämlich eine unglaubliche Eigenschaft, eben unser Bewusstsein.

DREI PROBLEME BEIM VERSTÄNDNIS DER EVOLUTIONSLEHRE. Im vorigen Jahrhundert waren es vor allem die Erarbeitung der theoretischen Grundlagen der Systematik und die Entwicklung der Synthetischen Evolutionstheorie, die das Wissen von der Stammesgeschichte der Lebewesen voran brachten. Adolf Remane, Willy Kükenthal und Willi Hennig erweiterten die theoretischen Grundlagen der Systematik durch die Erkenntnis der Homologiekriterien. Ernst Mayr, Julian Huxley und Theodosius Dobzhansky schließlich formten eine Synthesis, in der sich Genetik und Populationsbiologie in die Evolutionstheorie integrierten.

Nach dem Zweiten Weltkrieg waren es vor allem die Versuche von Stanley Miller und Harold Clayton Urey, die zeigten, dass das Entstehen von Aminosäuren, den Bausteinen des Lebens, unter den Bedingungen der Uratmosphäre möglich war. Die Evolutionstheorie wurde dadurch in einem wesentlichen Punkt untermauert: sie wurde auf die präbiotische Phase auf diesem Planeten ausgedehnt. Praktisch zeitgleich entschlüsselten James Watson und Francis Crick im Jahre 1953 die Molekularstruktur der Desoxyribonukleinsäure (DNS). Die Struktur des Erbgutes war damit aufgedeckt. Ebenso begann in den 1950iger Jahren ein großes, neues Forschungsgebiet zu erblühen: die Ethologie. Konrad Lorenz, Niko Tinbergen und Irenäus Eibl-Eibesfeldt, der letztlich die Humanethologie zu ihrer Blüte brachte, konnten nun viele evolutionsbiologische Fakten von Seiten des tierischen Verhaltens bestätigen. Trotz der weitgehend gesicherten Erkenntnisse über die Evolution, haben viele Menschen noch immer Probleme beim Verständnis derselben, und zwar in drei Richtungen:

• Die Wahrscheinlichkeit: Es ist für viele schwer nachvollziehbar, dass so komplexe Geschöpfe, wie sie die Natur bietet, ohne schöpferischen Einfluss und nur durch zufällige Bedingungen der Kohlenstoffchemie entstanden sein könnten.

• Die Zeitfrage: Die Vorstellung der unglaublichen Zeitdimensionen der Evolution ist den Menschen sehr schwer möglich. Die Vorstellung von Millionen oder gar Milliarden von Jahren ist uns nicht zugänglich.

• Das Sinnproblem: Wir neigen dazu, Geschichte als „gerichtet" zu empfinden, wir können uns nicht vorstellen, dass wir in einer an sich sinnlosen Welt leben und die materielle Selbstkanalisierung der Grund für das Leben ist. Wir möchten annehmen, dass wir nicht alleingelassen sind und neigen daher dazu, die Geschichte als „geplantes Werk" zu interpretieren.

EVOLUTIONSTHEORIE – WIE GEHT ES WEITER? Wäre ich gezwungen die weitere Entwicklung der Evolutionstheorie zu kommentieren, so fiele mir nur der Satz ein: Von der Synthesis zum Integral. Einem der größten Biologen unserer Zeit, Richard Dawkins, ist es zu verdanken, in aller Klarheit das anti-teleonomische Prinzip der Evolution zu formulieren. Das „egoistische Gen" beleuchtet die Wirkungsweise der Natur, die Mem-Theorie weitet die Evolutionskriterien auf die virtuelle Informationstradierung aus. Die Erweiterung der Evolutionstheorie, nunmehr auch auf die Stufe des Bewusstseins und die zu erwartende virtuelle Welt gehoben, öffnet den Blick zur Integralen Evolutionstheorie. Das Bewusstsein präsentiert sich als völlig neue Stufe der Evolution mit einem Qualitätssprung vergleichbar mit der Entwicklung von der Einzelligkeit zur Vielzelligkeit. Diese Integrale Evolutionstheorie – in Ansätzen vorweggenommen von der viel zu wenig beachteten Energontheorie von Hans Hass - wird unterstützt von den modernen Erkenntnissen der Evolutionsprogramme, die die Selbstkanalisierung auf eindrucksvolle Weise am Computer bestätigen. Die Biologie wird zusammenwachsen mit der Informatik: Marvin Minsky, Hans Moravec und Ray Kurzweil sind nur einige der richtungsweisenden Namen. Künstliche Intelligenz und artifizielles Leben werden in den nächsten zwei Dekaden wahrscheinlich weitere fundamentale Einsichten in die Evolution ermöglichen.

In den letzten zwei Jahrzehnten haben Versuche zugenommen, die Evolutionstheorie für tot zu erklären. Eine Welle der Anti-Aufklärung. Ist es von christlicher Seite das „Intelligent Design", das

Mammutschädel
Skull of a mammoth

den Schöpfungsmythos durch Beschwören eines intelligenten Naturplanes wieder aufleben lassen will, so sind es von wissenschaftlicher Seite verschiedene Versuche, den lamarckistischen Ansatz wieder zu beleben. Ausgehend von der Genetik werden Selbstkanalisierungsmechanismen und Regelkreissysteme als „kooperative Prozesse" im Evolutionsgeschehen gedeutet und dadurch mitunter voreilige Schlüsse gezogen. Selbst der Nachweis lamarckistischer Prozesse wäre aber kein Beweis gegen die Evolutionstheorie und würde keinesfalls den Abschied vom Darwinismus bedeuten. Die wesentlichen Phänomene der teilnahmslosen und ungerichteten Weiterentwicklung der Keimbahnäste, die sich der Regulation von Isolation und Selektion unterziehen müssen, bleiben bestehen. Der Versuch, Kooperationsmuster in der Wirkungsweise biochemischer Systeme, als positives Wirkmuster der Evolution zu deuten, muss fehlschlagen, da sie funktionale Kooperation mit intentionaler Kooperation verwechselt. Und eine absichtsvolle Kooperation auf breiter Basis ist erst dem Homo sapiens vorbehalten. Dennoch wird die Epigenetik eine immer wichtigere Rolle im Verständnis der Vererbung spielen. Die Steuermechanismen der Gene, die auch Rückkoppelungen auf das Erbgut durch Umwelt und Verhalten erlauben, müssen noch genauer untersucht werden.

LUST UND LEID … und am Ende ist Beschaulichkeit, ist Ruhe und Frieden. Mag sein, dass wir Biologen keine besseren Nachrichten haben, als jene von einer teilnahmslosen Natur und einem nicht enden wollenden Kampf der Kreaturen. Aber es ist weder hoffnungslos, noch zu spät. Im Gegenteil. Das Entstehen des Bewusstseins, unseres Bewusstseins, hat neue Türen geöffnet. Mitgefühl und Empathie, Liebe und Zuneigung und Barmherzigkeit sind durch uns in die Welt gekommen, das ist nicht zu leugnen. In dem Augenblick, in dem die Selbstsimulation in die Natur kam und der Mensch Bewusstsein erlangte, hat das Leid aufgehört, eine Berechtigung zu haben. Große monotheistische Religionen weisem dem Leid immer noch einen gewissen Sinn zu. Sie müssen das tun, sie können der ideologischen Mühle, das Leid zu rationalisieren, nicht entrinnen. Wir Menschen sind aber in der Lage zu beurteilen, zu bewerten und in Gut und Böse einzuteilen. Negative wie positive Gefühlstönungen – Leid wie Lust – mussten entstehen, um das Überleben der Organismen überhaupt garantieren zu können. Nur wer Hunger oder Schmerz fühlt wird fressen, sich wehren oder fliehen. Nur wer Lust fühlt, wird sich fortpflanzen wollen. Es ist uns Menschen vorbehalten, diese Empfindungen auch zu bewerten.

Ob das Naturverständnis bei manchen auf Glauben oder bei anderen auf einem mechanistischen Weltbild gegründet sein mag, eines kann uns niemand nehmen: Wir können einander die Hände reichen in Verständnis und Güte. Und das ist schließlich auch ein Ergebnis der Evolution.

Die Geschichte des Menschen ist die von Nomaden. Dauernde Sesshaftigkeit tritt erst mit der Erfindung des Ackerbaus auf, davor war wenigstens ein saisonaler Ortswechsel die Regel. Etwa bei den Steinzeitjägern vor 15.000 Jahren, die Winterquartiere aus Fellen und Knochen errichteten.

Was für ein Beispiel für Kultur! Die Venus von Willendorf, ein besonderer Schatz des Naturhistorischen Museums! Rund 25 000 Jahre alt, eine der ältesten Frauendarstellungen der Welt. Elf Zentimeter Kalkstein in faszinierender Form!

Die Kulturelle Evolution startet durch. Nach dem Werkzeugbau kommt die Sprachentwicklung, ein Dammbruch. Beschleunigte Informationsweitergabe, soziale Strukturen und natürlich Kunst. Kein Stein bleibt auf dem anderen.

Kunstvoll ausgeführtes Gefäß aus einem Brandgrab des Gräberfelds von Hallstatt. Auf dem Salzberg ober Hallstatt wurde 1846 ein Gräberfeld mit über 1000 Gräbern aus der älteren Eisenzeit um 800 - 450 vor Christus entdeckt

Die ältesten Funde von Gräbern datieren rund 100.000 Jahre zurück. Aufwändige, der Trauerarbeit der Hinterbliebenen dienende Formen der Bestattung sind eine Kulturleistung des Homo sapiens.

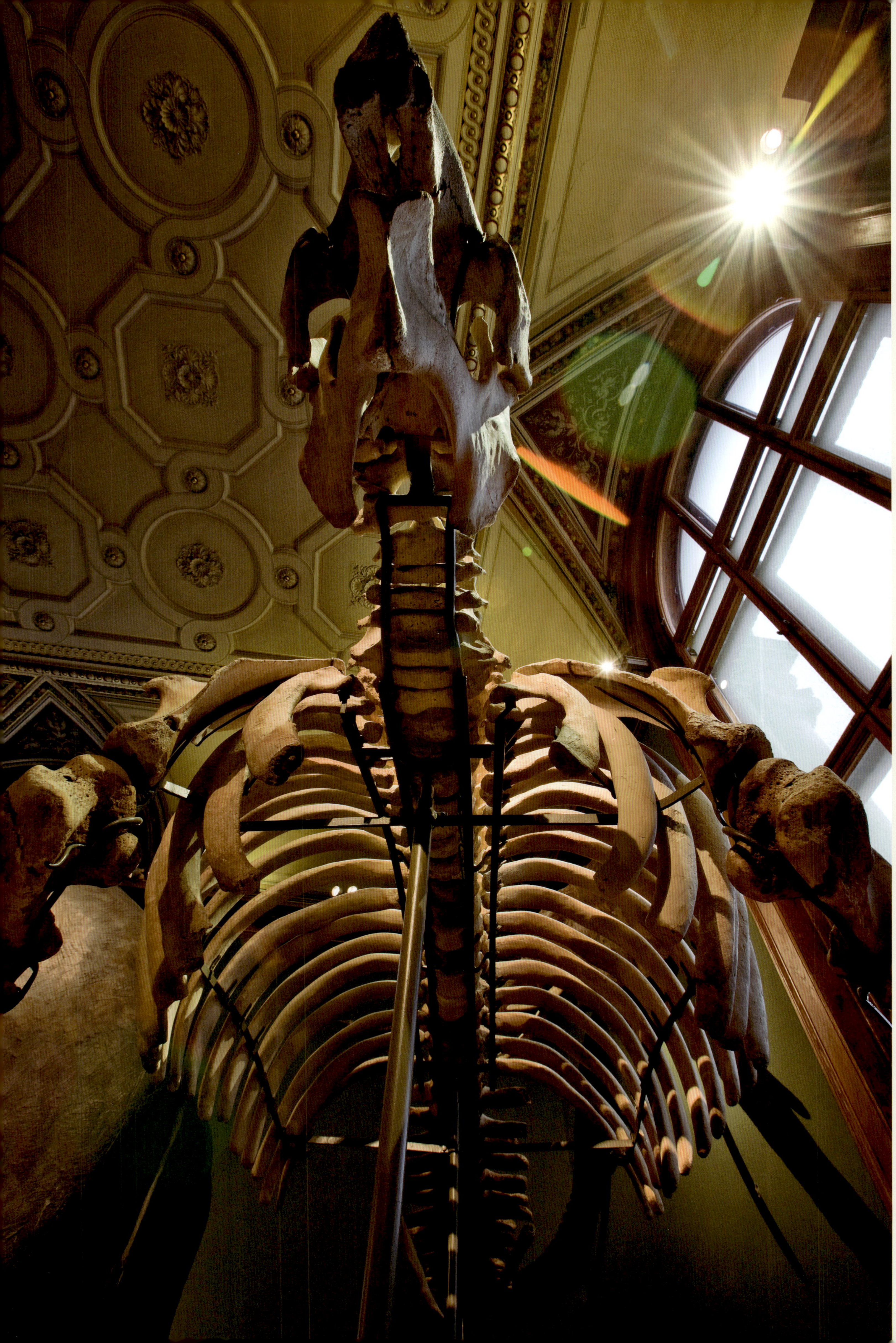

DARWINS VERLORENES TIERLEBEN.

DARWINS „ENTSTEHUNG DER ARTEN" ERSCHIEN VOR 150 JAHREN. IN DER ERDGESCHICHTLICHEN TAUSENDSTELSEKUNDE DANACH HAT DER MENSCH DAS SECHSTE MASSENSTERBEN IN DER GESCHICHTE AUSGELÖST.

- Fünf Massensterben kannte die Erde bisher. Das bislang größte vor 250 Millionen Jahren vernichtete 95 % aller Meereslebewesen und fast 70 % der Landbewohner. Das bekannteste fand vor 65 Millionen Jahren statt: Die meisten Dinosaurier und 50 % der restlichen Arten starben aus.
- Alles nichts gegen das, was der Mensch jetzt losgetreten hat. Derzeit sterben pro Stunde drei Tier- und Pflanzenarten aus. Hauptgrund: Zerstörung natürlicher Lebensräume. Viele der Arten werden wir nie kennengelernt haben, ehe sie verschwinden, viele gehen – im Moment – „nicht ab". Aber es gibt auch andere Fälle:
- Ab 1876 erschien die völlig überarbeitete 2. Auflage von „Brehms Tierleben". Versehen mit zahlreichen Illustrationen, die Darwin als die besten bezeichnete, die er je gesehen hätte. Seit damals sind nicht weniger als 200 Säugetiere und Vögel, die Brehm anführte, ausgestorben! Nicht winzige Käfer oder unbekannte Würmer, sondern Blaubock und Beutelwolf. Sie alle wurden durch den Menschen ausgerottet, von einer einzigen Art, die die Evolution hervorgebracht hat.

Aussterben ist das Eine, Ausrotten das Andere. Die Stellersche Seekuh wurde erst 1741 im Rahmen einer von Vitus Bering geleiteten Expedition entdeckt. 27 Jahre später war sie durch exzessive Bejagung ausgerottet. Der Mensch als Selektionsfaktor.

Der Dodo lebte einst auf Mauritius, ein großer flugunfähiger Vogel mit blaugrauem Gefieder. Ohne natürliche Feinde, bis Seefahrer ihn als Nahrungsergänzung erkannten. Eingeschleppte Ratten und Schweine zerstörten seine Gelege. Um 1690 war die Art am Ende.

In Südafrika war das Quagga, eine Unterart des Steppenzebras, noch im 17. Jahrhundert einer der häufigsten großen Säuger. Danach wurde es exzessiv bejagt, Rinderzüchter sahen in ihm einen Nahrungskonkurrenten. Das letzte Quagga starb 1883 – im Zoo von Amsterdam.

Der Mensch hat dank der Errungenschaften der kulturellen Evolution ein beispielloses Massensterben ausgelöst. Ausrottung von Konkurrenten, Zerstörung von Lebensräumen. Derzeit sterben pro Stunde drei Arten aus. Zu jenen Arten, die es schon hinter sich haben, zählt auch der Tasmanische Beutelwolf.

KREATIONISMUS?
NO COMMENT.

KREATIONISTEN GLAUBEN STUR, GOTT HABE WELT UND MENSCH VOR EIN PAAR TAUSEND JAHREN GESCHAFFEN. VERTRETER DES „INTELLIGENT DESIGN" LEGEN DIE DEBATTE INTELLIGENTER AN.

- Kreationismus ist Ignoranz. Wie mit den Vertretern der Meinung, unsere Erde sei eine Scheibe (auch die gibt es noch!), ist es nicht möglich, mit religiösen Fundamentalisten eine naturwissenschaftliche Debatte über ihre „Argumente" zu führen.
- Vertreter des so genannten „Intelligent Design" tarnen sich als Evolutionisten. Evolution, ja schon, aber es gibt ein ständiges Eingreifen eines Schöpfers. Ihr Hauptargument ist die „irreduzible Komplexität": Hochkomplexe Organe könnten nicht schrittweise und zufällig entstanden sein, weil die Einzelschritte keinen Selektionsvorteil böten. Das Beispiel der Entwicklung des Auges widerlegt dieses Argument eindrucksvoll. Es ist einfach falsch.
- Völlig davon zu trennen ist die Frage, ob Glaube und Evolution miteinander vereinbar sind: Natürlich sind sie das! Naturwissenschaft und Religion können ausgezeichnet „miteinander". Solange die Trennung der Ebenen sauber eingehalten wird.
- Glaube und Wissenschaft kommen einander besonders in einem entscheidenden Punkt nicht ins Gehege: Wissenschaft kann und will nichts über den Anfang aller Dinge aussagen – das ist die Domäne des Glaubens.

NO COMMENT!

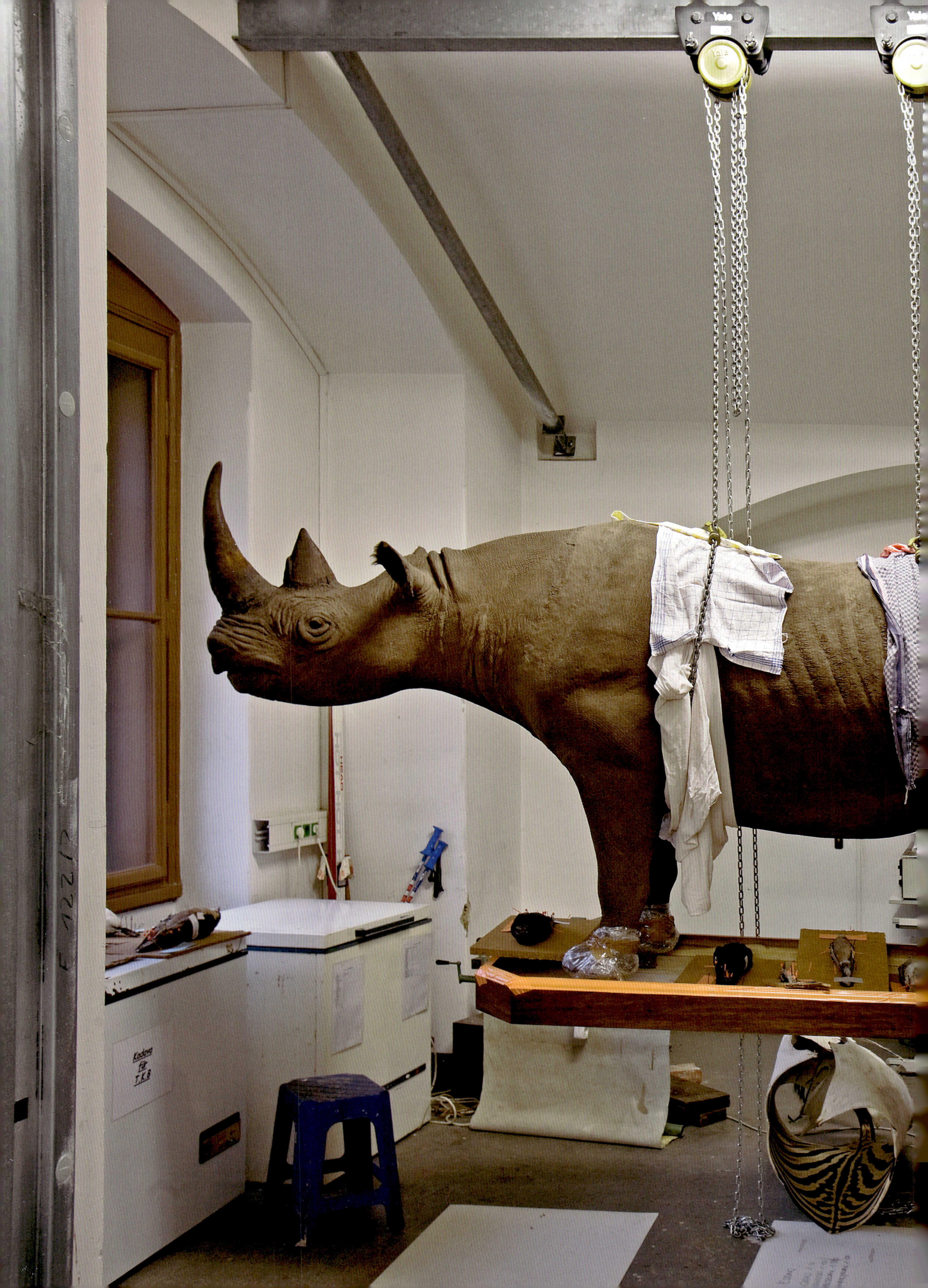
Yale

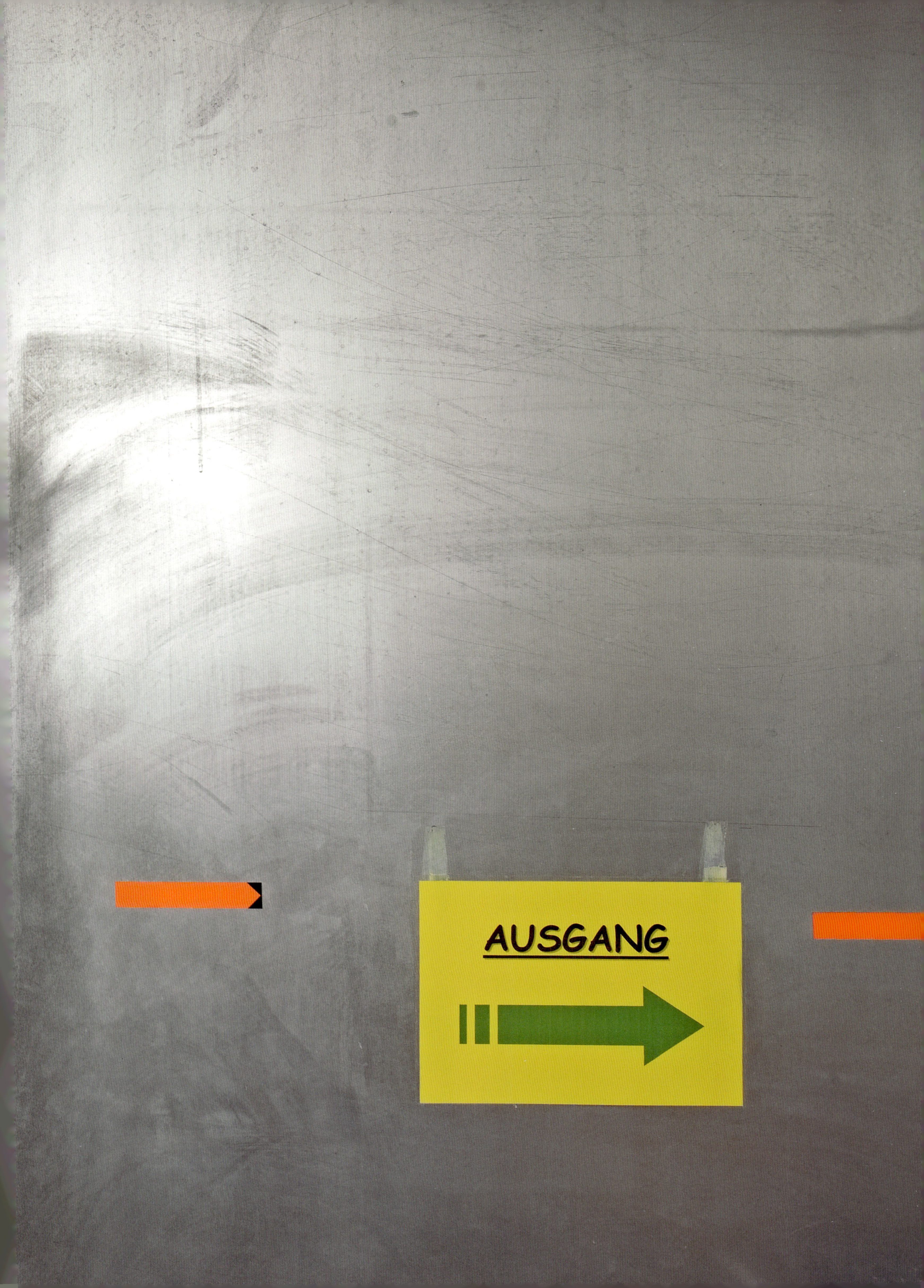
AUSGANG

CREDITS

Idee | Herbert Kritscher, Lois Lammerhuber, Ernst Mikschi

Konzept und Realisation | Lois Lammerhuber, Ernst Mikschi, Helmut Wellendorf

Interviews | Andreas Schwab
Redaktion | Johanna Reithmayer, Andreas Schwab
Korrektorat | Silvia Lammerhuber, Ernst Mikschi, Andreas Schwab, Helmut Wellendorf

Fotografie | Lois Lammerhuber

Beigestellte Abbildungen | Dollys Totenmaske: National Museum Scottland. „My Happy Life":
ID: 00002462 Charles Darwin jung (Aquarell (1839) von George Richmond (1809 - 1896): bpk (Bildarchiv preußischer Kulturbesitz);
Charles Darwin (um 1876): Archiv NHM; Emma: Science Photo/picturedesk.com; Down House: Bernd Lötsch.
Karikatur „A venerable Orang-Outang.": Galton Papers, University College London, 1871.

Graphische Gestaltung | Martin Ackerl, Lois Lammerhuber
Digital Post Production | Nicolas Ferrando, Birgit Hofbauer
Schrift | Formata, Garamond Three

Druck und Bindung | Grasl Druck & Neue Medien, Bad Vöslau
„European Printer of the Year 2008"
Drucktechnik | Grasl HQ Process; Papier | Hello Silk 170 g/m²

Besonderer Dank | Thomas Hofmann, Werner E. Piller und Dietmar Jungreithmair.

Die Sonderausstellung „DARWINS REVOLUTION" und dieses Buch wären ohne die Hilfe Vieler nicht möglich gewesen.
Ein herzliches Dankeschön für Einsatz, Verständnis und Hilfsbereitschaft gilt daher:
Unserem Team der Abteilung für Ausstellung und Bildung: Reinhard Golebiowski (Koordination), Walter Hamp (Ausstellungstechnik),
Brigitta Schmid (Lektorat), Kriemhild Repp und Josef Muhsil (Grafik), Franz Grimm (Ausstellungsbau), Gerti Zulka-Schaller
und Agnes Mair (Museumspädagogik) und Sabine Rubik.
Hanno Baschnegger und Victoria Golub (B&G), unseren Profis von außerhalb und ihren Bühnenbauern.
Den grandiosen zoologischen Präparatoren und Modellbauern des Naturhistorischen:
Robert Illek, Gerhard Hofmann, Thorsten Eder, Kerstin Pichler und Iris Rubin.
Renate Stagl, Christian Hösch und Karina Pogats, die unser Projekt unbürokratisch verwaltet haben.
Josef Gaschnitz, Marianne Strelka, Leopold Fiby und Wolfgang Granser, die unsere Finanzen immer souverän im Griff hatten.
Andreas Rochl, für den reibungslosen Ablauf unserer Bestellungen.
Martin Saboy, Friedrich Österreicher, Josef Arbeshuber, Robert Staffler, Nikolaus Woditsch, Bernhard Biergl und Erich Baumgartner,
für Transporte und Angelegenheiten der Haustechnik.
Ingrid Viehberger und Wolfgang Taigner, die uns PR-technisch betreuten.
Robert Sailer und Christian Luif, unserer Feuerwehr in Sachen EDV.
Andrea Kourgli für Trost und Rat sowie ihre Hilfe in Bibliotheksfragen.
Peter Elster, unserem Medienspezialisten.
Den vielen helfenden Händen aus der Wirbeltierabteilung:
Helmut Wellendorf, Silke Schweiger, Elisabeth Haring, Heinz Grillitsch, Richard Gemel, Johannes Wicke, Mathias Reithofer,
Christian Pollmann, Christa Prenner, Anita Gamauf, Barbara Herzig, Alexander Bibl, Erich Pucher und Luise Kruckenhauser.
Robert Seemann und Vera Hammer aus der Mineralogischen Abteilung.
Mathias Harzhauser und seinem Team der Geologisch-Paläontologischen Abteilung.
Ernst Vitek und Michael Reynier aus der Botanischen Abteilung.
Unseren Insektenspezialisten Martin Lödl, Dominique Zimmermann, Susanne Randolf und Peter Sehnal.
Helmut Sattmann und Verena Stagl aus der Abteilung der Wirbellosen.
Maria Teschler-Nicola und ihrem Team der Anthropologie.
Toni Kern für seine Leihgaben aus der Prähistorischen Abteilung.
Christa Riedl-Dorn für ihre Leihgabe aus dem Archiv.
Claudia Roson, Gerald Benyr, Edi Hofbauer, Eva Schlegl und Doris Schachner, die für den lebenden Teil der Ausstellung verantwortlich zeichnen.

Besonderer Dank für ihre Unterstützung an Generaldirektor Bernd Lötsch und Vizedirektor Herbert Kritscher.
An Helmut, Lisi und Silke: „Es war mir eine Ehre, mit Ihnen zu fliegen!" (Jim Lovell / Tom Hanks, Apollo 13)
Ernst Mikschi

Managing Director EDITION LAMMERHUBER | Silvia Lammerhuber

EDITION LAMMERHUBER | Dumbagasse 9, A-2500 Baden
www.edition.lammerhuber.at

 | ISBN 978-3-901753-17-6

Für die großzügige Unterstützung danken Naturhistorisches Museum Wien und Edition Lammerhuber dem Bürgermeister der Stadt Wien
Michael Häupl, der MA 49 - Forstamt und Landwirtschaftsbetrieb der Stadt Wien und dem Bundesministerium für Wissenschaft und Forschung.

DIE EDITION LAMMERHUBER MÖCHTE SICH BEI ALLEN AN DER ENTSTEHUNG VON DARWINS PALAST
MITWIRKENDEN HERZLICH FÜR DIE WUNDERBARE ZUSAMMENARBEIT BEDANKEN.
Lois Lammerhuber